# 奇特的一生

## 柳比歇夫坚持56年的“时间统计法”

[俄] 格拉宁 著
侯焕阁 唐其慈 译

北京联合出版公司
Beijing United Publishing Co.,Ltd.

**图书在版编目（CIP）数据**

奇特的一生 /（俄罗斯）格拉宁著；侯焕闳，唐其慈译.
—北京：北京联合出版公司，2016.3（2025.6重印）
ISBN 978-7-5502-7214-9

Ⅰ.①奇… Ⅱ.①格… ②侯… ③唐… Ⅲ.①成功心理—通俗读物 Ⅳ.① B848.4-49

中国版本图书馆CIP数据核字（2016）第038898号

北京市版权局著作权合同登记　图字：01-2013-3868号


**奇特的一生**

作　　者：〔俄〕格拉宁
译　　者：侯焕闳　唐其慈
出 品 人：赵红仕
责任编辑：孙志文

---

北京联合出版公司出版
（北京市西城区德外大街83号楼9层　100088）
三河市中晟雅豪印务有限公司印刷　新华书店经销
字数167千　880毫米×1230毫米　1/32　印张8.5
2016年6月第1版　　2025年6月第16次印刷
ISBN 978-7-5502-7214-9
定价：56.00元

---

CONTENTS

# 目录


编者的话 / 1

第一章

柳比歇夫一生的秘密 / 001

我确实花了很多时间，研究我的主人公的日记和文档，从中得到的一切，对于我来说，是一个新发现，使我参透了一个人一生的秘密。

这个秘密是——怎样才能生活得更好。

第二章

崇拜者眼中的柳比歇夫 / 013

柳比歇夫有他的崇拜者，有拥护者，有景仰者，也有读者。他没有学生，只有私淑弟子。也就是说，他并没有教他们，是他们向他学习。学习什么呢？很难说。主要是学习应当怎样生活、怎样思考吧。似乎咱们总算找到了一个人，他知道他活着是为了什么，有什么目的……仿佛他有什么崇高的目的，甚至可能领悟了他存在的意义。

第三章

令人惊叹的一生 / 019

我感兴趣的是另一个问题：他，我们同时代的人，一生干了那么多事，产生了那么多思想，这是用什么方法达成的？最后几十年（他是82岁时去世的），他的工作精力和思维效率有增无减。关键不是在数量上，而在他是怎么样，用什么方法做到的。柳比歇夫对我最有吸引力的精粹、核心正是这个方法。

柳比歇夫的遗产 / 020
他的工作方法是一个创举 / 022

第四章

发现"时间统计法" / 025

他认为他那些本本是"时间统计"。好比账簿，他是在用他的方法统计支出的时间。
我发现，每个月到月底他都要做小结，画了一些图，列了一些表。到年终，又根据每月小结做一份年度总结，列出一览表。

令人叹为观止的编号文档 / 026
时间开销日记 / 028
时间的账簿 / 035

## 第五章

### 精确感知时间 / 039

柳比歇夫肯定形成了一种特殊的时间感。

我同他见过两次面，在他日记中都有记载，时间记得十分准确——“1小时35分”“1小时50分”，然而当时他自然没有看表。我同他一起散步，不慌不忙，我陪着他；他借助于一种内在的注意力，感觉时针在表盘上移动——对他来说，时间的急流是看得见摸得着的，他仿佛置身于这一急流之中，觉察得出来光阴在冷冰冰地流逝。

如何与时间相处 / 040

“我对时间统计法已经习惯了，没有它就没法工作” / 043

## 第六章

### 缘起：一生的奋斗目标 / 051

这样到底好不好？——给自己的生活定了框框，定得那么死。

然而事实上（这个事实很值得注意），柳比歇夫的命运并非如此。他的一生是生气勃勃、和谐协调的。他孜孜不倦地追求自己的既定目标，在他的生活中是起了重大作用的。他一生始终忠于他青年时代的选择，忠于自己的爱好和理想。他自己认为自己是幸福的。

一生的奋斗目标：创立生物自然分类法 / 052
最好不是去震惊世界，而是生活在世界上 / 057

## 第七章

## 人生的容量 / 061

他的时间好像是物质，不会无影无踪地消逝不见，不会消亡；它变成了什么，总能查得出来。由于做了统计，他获得了时间。这是最实在的收获。

随时随地利用“时间下脚料” / 062
时间统计法的本质：针对过程的“事件 · 时间日志” / 066
总结的价值和意义 / 077

## 第八章

## 时间之镜 / 085

柳比歇夫的总结公正客观地反映了过去一年的历史。柳比歇夫的方法，以它细密的网眼，抓住了变幻无常的、老想溜掉的日常生活，抓住了我们没有察觉到的、损失掉的、不知去向的时间。

第九章

时间统计法的胜利 / 091

柳比歇夫是依靠他那最最合理的方法一手造就了自己；他创造了他的方法，他通过他的方法证明，如果把一切才能集中用到一个目标上，可以取得多么多的成就。

第十章

光亮的背面 / 099

他能够叫时间服从他，但不能左右环境。他无非是个凡人，激情、爱、挫折都能叫他分心，连幸福也会影响他的专心致志。

其他的事实 / 100
柳比歇夫的自我评价 / 102
生活的内容并不是苦难，而是成果 / 110
向自己提问题 / 118

第十一章

井井有条的生活 / 125

无数的日期、姓名、事件，亚历山大·亚历山德罗维奇·柳比歇夫应用起来简直得心应手，这是因为他把这些材料都按一种巧妙的体系分别铭刻在头脑之中。至少可以这么认为，当需要的时候，即使不能“记忆如泉涌”，他也能像从书架上抽出一本需要的手册一样，在脑中找到这些材料。

分门别类的爱好 / 126
整理和组织材料的过程本身，
就是一种享受 / 131
热爱自己的事业 / 136

## 第十二章

## 一切皆有代价 / 141

有一次，一位年轻的科学家表示非常欣羡柳比歇夫那种从容不迫、顺利安适的生活。柳比歇夫以其一贯的作风，把自己所有的倒霉事儿开列了一张清单作为对他的回答。

说真话的人 / 142
平反 / 146

## 第十三章

## 了解一个人，就要看到他的矛盾 / 151

时间统计法成了他即兴演奏的乐器，用这乐器，他爱演奏什么就演奏什么。
他如此精打细算地统计时间，可他把时间都浪费到什么上去了？

年度总结：向时间做自我剖析 / 152
不时走入岔道 / 157
无休止的内心争执 / 163
自我批评的能力 / 169

第十四章

比时间更宝贵的 / 175

在他紧张的精神生活中，他崇敬的英雄们、他喜爱的人、他的表率都不断在变换。仔细去考察这种变化，该是很有意思的事。对于柳比歇夫，任何时候都不能说他已“成为”怎样一个人。他永远正在“逐步成为”怎样一个人。他一直在探索，一直在变化，他总是重新考虑，不断提高对自己和理想的要求。

计划没有全部完成 / 176
如何评价自己的一生 / 181
柳比歇夫的时间守则 / 186
一个一生都不断成长的人 / 195

## 第十五章

## 成为时间的朋友 / 207

他不期待别人的赞扬，他学会了自己对自己做出公正的评价。时间统计法提供了客观的指标，能说明他的情况。他在1963年骄傲地记下了2006小时30分钟的工作记录，这是他的最高纪录。平均每天5小时29分钟。而战前，每天大约4小时40分钟！他清楚地了解这些数字的真正价值，他给自己规定了定额，他拿着秒表监视着自己，他自己奖励自己，自己惩罚自己。

简朴生活：超过最低必需品限度的东西，
他都不要 / 208
保持独立的考验 / 211
时间统计法的标尺 / 216
如果每个人都能知道自己能干些什么 / 221

## 第十六章

## 超越自己的可能 / 227

柳比歇夫并没有建树丰功伟绩，可他建树的要比功绩的意义更为重大——那就是过得很好的一生。

他为什么有那么多时间 / 228

对待时间的态度 / 233
过得很好的一生 / 239

## 附录

## 与时间统计法无关——

## 谈《奇特的一生》的创作 / 245

许多实干的、有远大抱负的年轻人对柳比歇夫这一十分明智的、合理的时间统计法很感兴趣，指望这个方法带来成效。这种愿望里有某种不对头的东西，某种柳比歇夫所没有的——就像我已在小说中一再强调过的，与柳比歇夫、与他的时间统计法毫无关系的东西。

问题就在于：一个人只有向自己提出远大目标时，这个时间统计法才能成立。

# 编者的话

最初知道《奇特的一生》，是通过李笑来《把时间当作朋友》一书，该书讲述苏联科学家柳比歇夫将自己的一生用时间来计划。怎么看都觉得此人必是奇葩，每天都记录自己哪块儿花了多长时间，岂不是要把自己累死？而看到笑来老师采用“时间统计法”规划生活的效果，并庆幸遇到柳比歇夫这样一位了不起的老师时，我习惯性的挑剔与漫不经心闭嘴了。

于是到处去找全文来看，找来找去只从网上找到电子版，初看时觉得真够无聊的，怎么还不进入“时间统计法”的主题呢？忍着看了十几页，差点就放弃了。熬过前两章后，开始觉得有意思了，再看每一页，觉得都像遗落的珍珠，平实、朴素的文字熠熠生辉。读书向来会产生焦虑的我，读《奇特的一生》安静了下来。

看完书，我开始寻找这本书的译者。不太好找，不过功夫不负有心人，终于在一篇名为《日常生活中的极乐岛》的博文中找到了译者的名字，他是老翻译家侯焕闳，而博主张宁是他的学生。张宁又恰好是我大学同学闫方博的研究生导师。这些巧合，现在想来真是非常有趣，也感谢每一个默默为我提供帮助的人。

2012年的一个雪天，我登门拜访侯老师，80岁的老先生精神矍铄，精神头十足地跟我讲这本书中文译本的由来。1978年，侯老师跟唐其慈老师摘译了一部分，由北师大苏联文学研究所当作内部材料刊登出来，反响很大，1979年外国文学出版社全文出版。这是20世纪六七十年代以来，中国出版的第一本苏联文学作品。据说当时广受欢迎，印刷量超过14万册（畅销书啊）！

遗憾的是，自从2001年海燕出版社出版该书后，就再没有新版本了。得知2013年再版的消息，两位老师一直激动地对我说谢谢，而我早感动得一塌糊涂了。

类似于我这样的读者，在豆瓣上到处都是。一本绝版近15年的书，豆瓣上评分8.5，2600+的人评价，7000+的人想读，真令人惊讶。这也说明，这么一本几乎遗失的明珠般的书，自己有着旺盛的生命力，人们通过口碑不断传递着好内容。

作为一个从来都不知道时间花到哪里去了的家伙，我也尝试做时间统计。刚做了没几天，就放弃了。真的，“时间统计法”一点都不稀奇，甚至太过枯燥了。而柳比歇夫能56年如一日地坚持，为什么？

其实，这跟技巧无关，而跟人生志向、人生目标密切相关。

因此，本书对我们的价值，并不仅仅在于时间管理，而在于引发人们去思考自己的人生究竟该如何规划，就像作者格拉宁结尾时说：“看来应当由每个人自己来制订自己的时间使用法，但不管怎样都应当深思一下自己的生活在怎样度过。”

或许，我们永远学不会用时间统计法，永远不能成为柳比歇夫这样一个人，但至少，我们要知道，在这个世界上，有这样一个光辉的人曾经存在过，他自己设定了很好的一生。好像在茫茫人海中，看到这样一个人，你觉得，甚至自己都亮了。

# 第一章

## 柳比歇夫一生的秘密

我确实花了很多时间，研究我的主人公的日记和文档，从中得到的一切，对于我来说，是一个新发现，使我参透了一个人一生的秘密。

这个秘密是——怎样才能生活得更好。

谈这个人的事，很想做到实事求是，又想写得生动些。这两个要求很难捏到一块儿。只有在“不一定要实事求是”的时候，事实才会叫人感兴趣。本来嘛，可以想办法发明一种新颖的手法，用它把事实炮制成引人入胜的情节，有秘密，又有斗争，又有险风恶浪，同时又翔实可靠。

比方说，很容易把这个人写成一个天不怕地不怕的孤胆战士，单枪匹马对付强大的对手，独个儿对着大伙儿干。更精彩的是大伙儿对着他一个人干，以强凌弱，一下子读者就会同情他。可是事实上，恰恰是他一个人对着大伙儿干，是他主动进攻的，是他先跳出来开火的。他的学术斗争，意义相当复杂，相当成问题。这是一场名副其实的学术斗争，谁也不会落个绝对正确。自然喽，也可以替他把事情弄得简单些，编上一套。不过，这样一来，就不好用他的真名实姓了，其他许多人的姓名也该一笔抹去。结果，谁也不会相信我的故事。

其次，我想对这个人做出恰如其分的评价，特别是现在他已经去世了，更有必要这样做。

我想叫大家看看：人是多么了不起，看看我们这里有多么出色的人。

真人真事当然是有妨碍的，捆住了手脚。虚构的人物好办得多。虚构的人物任人摆布，并且纤毫毕露——他的一切想法和意图，他的过去和未来，作者都一清二楚。

另外，我还有一个任务：向读者灌输一些有用的知识，介绍些材料。这些知识，不用说，会令人惊诧莫名，但遗憾的是，对于文学作品并不相宜，倒是适合于科普小品。《三个火枪手》[①]的半当腰，如果插进一段介绍剑术的文字，你看该多么煞风景，读者肯定会跳过这几页。我可是得让读者看我介绍的知识，因为这恰恰是最重要的东西……

我希望看这本书的人越多越好，我正是为了这个目的才写这本东西的。自从我发现了我的主人公的主要秘密之后，我就开始构思。

---

① 法国作家大仲马的长篇小说，又译《侠隐记》或《三剑客》。

至于秘密，也大可利用一下。一说到秘密，总能吸引人，何况这一秘密并不是无中生有的。我确实花了很多时间，研究我的主人公的日记和文档，从中得到的一切，对于我来说，是一个新发现，使我参透了一个人一生的秘密。

然而，说老实话，这一秘密并没有惊险百出的情节，没有跟踪追击，没有阴谋诡计，也没有险滩暗礁。

我开门见山地说清楚：

这个秘密是——怎样才能生活得更好。

在这个问题上，我也很可以激发读者的好奇心。我可以宣布："这玩意儿是最佳生活方式，最有教育意义的样板，提供了某种独一无二的生活方法。

"任何领域，任何职业，本方法均能使你取得重大成果！

"即使才能十分平庸，本方法仍可保证你取得最大的成就！

"你学到的方法并不抽象，而是可靠的，经过多年的经验验证，切实可行，行之有效……

"消耗最小，效果最大！

"举世无双，首屈一指！"

……

## 第一章
## 柳比歇夫一生的秘密

我也可以向读者预告，我要谈的是一位当代的杰出人物，是他们没有听说过的。我要描绘一位精神上的英雄，他的道德信条是如此崇高，以致如今看来似乎是不合时宜了。他的一生，表面上再平凡不过，从某几点上说，竟是“不如意事十之八九”。以小市民的眼光看，他是个典型的不走运的人。然而就生活的内涵而论，这个人心灵和谐，很幸福，而且他的幸福是一种最高级的幸福。老实说，我原来以为这种气质的人已经绝种了。他简直是恐龙……

好比拓荒者发现土地，好比天文学家发现星座，作家也有发现人的福气。性格和典型性让一些作家有过一些伟大的发现。冈察洛夫发现了奥勃洛摩夫，屠格涅夫发现了巴扎洛夫[①]，塞万提斯发现了唐吉诃德。

这也是一个发现。他不是普遍性的典型，算是我个人定义的典型；与其说是典型，不如说是理想人物。不过，这个词也不贴切。柳比歇夫当理想人物也并不合适……

我坐在一间不舒服的大教室里。没有灯罩的电灯刺人眼睛，照亮了斑白的鬓发、秃顶、研究生们朝后梳得服服帖帖的头发、乱蓬蓬的长发，还有时髦的假发、黑人们漆黑的鬈

---

①《父与子》的主人公。

发。教授们、博士们、大学生们、记者们、历史学家们、生物学家们……最多的是数学家，因为就是在数学系开的会——哀悼亚历山大·亚历山德罗维奇·柳比歇夫的第一次纪念会。

我没有料到会来那么多人，特别是青年。他们来可能是出于好奇心，因为他们不大了解柳比歇夫，不知道他是搞生物的还是搞数学的。是个半瓶子醋，还是个业余爱好者？好像是业余爱好者。可是业余爱好者又怎么着？图卢兹的邮局职员——伟大的数学家费尔马[①]不也是业余爱好者？贝色麦[②]也不是专门搞炼钢的，同发明炼钢新工艺的托马斯[③]一样；托马斯不过是警务法庭的一个办事员。柳比歇夫是个什么样的人？不是活力主义者便是实证主义者，再不然是唯心主义者。反正是左道旁门。

连做报告的人也没有说清楚。

一些人认为他是生物学家，另一些人说他是搞科学史的，也有人认为他是昆虫学家，还有人说他是搞哲学的……

每一个做报告的人都介绍了一个新的柳比歇夫，与旁人

① 费尔马（1601—1665），法国数学家，解析几何的创始人之一。
② 贝色麦（1813—1898），英国设计师，酸性转炉吹炼法的发明者之一。
③ 托马斯（1850—1885），英国冶金学家，碱性转炉炼钢法的发明者。

介绍的迥然不同。各有各的说法，各有各的评价。一部分人把他说成是革命者，是造反派，敢于向进化论、遗传学的某些牵强附会的定理挑战。

另外一部分人描绘了一位最善良的俄罗斯知识分子的形象，对待对手宽宏大量得无边无际。

“……不论哪一种哲学，其中切实的批判性和创造性的思想，他都很重视！

“……他的力量在于不断地开动脑筋；他提出问题，他激发思想。

“……某一位伟大的数学家说过：‘天才的几何学家提出定理，高明的几何学家证明定理。’他就是这样一个提出定理的人。

“……他的精力过分分散。他本来应当集中搞分类学，不该驰心旁骛于哲学问题。

“……亚历山大·亚历山德罗维奇是精力集中、富于创造精神、有明确目标的样板，他一生贯彻始终……

“……数学家的禀赋决定了他的世界观。

“……他在哲学上知识渊博，所以能就物种起源问题提出新的见解。

“……他是个唯理主义者！

“……唯物主义者！

“……幻想家，往往迷途忘返，是个直觉主义者！”

他们同柳比歇夫是多年之交，对他的著述也了解有加，但每个人都只是介绍了他们所了解的柳比歇夫。

他们过去当然也知道柳比歇夫博学多才，可是只有到现在，听了旁人的介绍，他们才明白，他们了解的柳比歇夫，只是他的部分面貌。

在这次纪念会之前，我花了一个星期阅读他的日记和书信，探究他的脑力活动史。我开始只是泛泛地浏览。无非是些别人的信件，无非是些写得挺好的文字，表露了别人的心灵，记录了别人往昔的忧虑以及已经成为过眼烟云的愤怒。这种愤怒之情，我也是涓滴在心，因为我也想过同样的问题，只是没有想到底……

用不了多少时间，我就相信自己过去并不了解柳比歇夫。认识倒是认识，同他见过几次面，我知道他是一位难得的人才，但是他的个性如此恢宏开阔，却是我始料不及的。我怀着羞愧的心情回想起：我过去竟把他看成是个怪人，一个聪明可爱的怪人；我很痛心，错过了许多同他促膝相对的机会。有多少回，我打算到乌里扬诺夫斯克去看他来着，我以为来日方长。

第一章

## 柳比歇夫一生的秘密

不知是第几次了，生活教我对什么事都不要因循拖延。仔细想想，生活实在是个任劳任怨的好当家，它一次又一次地给我机会，安排我同许多当代最有意思的人物见面。可是我不知忙些什么，来去匆匆，不断拖延，以致失之交臂。我拖拖拉拉是为了什么？忙些什么？当初瞎忙的那些事，如今看来是那么渺小，而损失是那么惨重，主要是再也不能挽回弥补了。

坐在我旁边的一个大学生耸耸肩膀，一副莫名其妙的表情。讲话的人聚讼纷纭，他没有办法统一起来。

柳比歇夫去世不过才一年，大家就弄不清楚他实际上是个什么样的人了。

死者是属于大家的，这是无可奈何的事。做报告的人从柳比歇夫身上挑出他们喜欢的东西来讲，再不然就是选择他们需要的东西来做他们的论据。年复一年，他们塑造的柳比歇夫的各种形象会融合成某种中性的东西，说得确切些，融合成一种人人都能接受的折中的东西，没有矛盾，没有难解的谜，给磨平了棱角，很难辨认出原型。

然后，人们会对这个折中的形象加以解释，判断他的错误所在，确定他在哪些方面走在他的时代前面，把他的形象变得人人都十分理解，然而并不真实。

当然喽，这还得看他就范不就范。

讲台上方，挂着一帧镶在黑框里的巨幅遗像——一个秃顶老头儿，皱起蒜头鼻子，在搔后脑勺。他啼笑皆非地看着，不知是看着听众还是看着讲话的人，仿佛是在考虑怎么再干它一家伙。明摆着，所有那些自作聪明的讲话和议论，如今都同他风马牛不相及了。他已经作古，我再也见不到他，可我又是那么需要他。我太习惯于他在世时的情形。当初，我知道什么地方有那么一个人，什么事情我都可以同他谈，什么事情我都可以同他争论。那时，我一念及此便感到心满意足。

人一死，许多事情真相大白，许多事情便见分晓。我们对死者的态度，也能够盖棺论定了。我从做报告的人的发言中感觉到这一层意思。他们的发言很明确。在他们眼里，柳比歇夫的一生已经结束，现在他们打算对他的一生通盘推敲一番，做出定评。不言而喻，事到如今，他的许多思想将得到公认，许多著作将出版或再版。不知道为什么，死者比生者有更多的权利，有更多的机会……

我也可以这样办：先跟读者打个招呼，说明本书索然无味，连篇累牍都是枯燥的，纯粹是事务性的散文，连散文都谈不上。作者很少花功夫去润色雕琢，叫读者看着舒服。作者本人对这些材料也感到很棘手。对这部作品的体裁，作者自己也觉得别扭。作者之所以要如此这般，原因将在作品结尾中交代。

**▍要点**

· 柳比歇夫最大的秘密是——如何生活得更好。

# 第二章

## 崇拜者眼中的柳比歇夫

柳比歇夫有他的崇拜者，有拥护者，有景仰者，也有读者。他没有学生，只有私淑弟子。也就是说，他并没有教他们，是他们向他学习。学习什么呢？很难说。主要是学习应当怎样生活、怎样思考吧。似乎咱们总算找到了一个人，他知道他活着是为了什么，有什么目的……仿佛他有什么崇高的目的，甚至可能领悟了他存在的意义。

奇特的一生

他的崇拜者对他所表现出的倾慕和热忱，早就叫我瞠目结舌。他们在纪念会上，并不是破题儿第一遭使用那些形容得似乎夸大其词的字眼。过去，每当他来到列宁格勒[1]，总有人欢迎，有人陪同，在他的周围总有一大帮人簇拥着。人们争先恐后，把他拖到五花八门的研究所去讲学。在莫斯科也是这样。干这种事的人，并不是那些喜欢起哄的人，并不是新闻记者（他们专门发掘未成名的天才：确实有这样的人），恰恰相反，那都是些严肃的学者、年轻的博士——极其精密的科学方面的博士，是宁愿打倒权威而不愿树立权威的怀疑派。

在他们的眼里，柳比歇夫能算老几？似乎无非是一个小地方的教授，乌里扬诺夫斯克什么地方的，一不是奖金获得

① 现在的圣彼得堡。

者，二不是学位最高评定委员会委员……他的学术著作呢，确实得到的评价颇高，但有些数学家比他更有分量，有些遗传学家比他更有贡献。

是因为他学识渊博吗？他确实博学，但在我们这个时代，学识渊博足以使人惊奇，却不能令人心悦诚服。

是因为他的原则性和胆量吗？当然是喽——他不乏大胆的创见。

可是，拿我来说，对这些大胆的创见，只有少数几处能够击节赞赏；大多数人对他的专门研究不甚了解……柳比歇夫发现了鉴别三种名叫海托克涅姆的昆虫类属的最好方法，但这同他们有什么相干？我不明白海托克涅姆是什么，至今没有搞懂。对鉴别功能也毫无概念。然而，难得的同柳比歇夫的几次会面仍给我留下了强烈的印象。我扔下自己的工作，跟随他，接连几小时倾听他速度很快、发音难听、像他的笔迹一样含混不清的讲话。

这种爱慕之情和强烈的兴趣，叫我想起了尼古拉·弗拉基米罗维奇·季摩菲耶夫·列索夫斯基，想起列夫·达维陀维奇·兰道和维克多·鲍里索维奇·史克洛夫斯基[1]。自然，

① 列索夫斯基（1900—？），苏联生物学家。兰道（1908—1969），苏联物理学家。史克洛夫斯基（1893—1984），苏联作家。

那会儿我知道他们是出类拔萃的人物；他们的出类拔萃是大家公认的。柳比歇夫可没有这样大的名气。我见过他平日的样子，头上没有任何光环：衣着寒酸的一个老头儿，体态臃肿，其貌不扬，对文坛形形色色的奇闻逸事怀着小地方人的那种兴趣。他的魅力又在什么地方呢？乍看起来，吸引人的，是他在观点上标新立异。他所说的一切，似乎都是离经叛道的。最最不可动摇的原理，他都能提出怀疑。他不怕冒犯任何权威——达尔文、季米里雅泽夫、泰雅尔·德·夏尔顿、施辽丁格[①]……论据每每从别人没有想到过的地方突然冒出来。显而易见，他丝毫没有摭拾别人的牙慧。一切都是他自己的，是他自己深思熟虑的结果，并经过他自己的验证。连讲话都是用他自己的字眼，并且用这些字眼的原始意义。

“我是个什么人？我是个狄列坦特[②]，杂家狄列坦特。这个词出自意大利文的‘狄列托’，意思是愉快。这是指这样一种人，他不管干什么工作，只要干起来便会感到愉快。”

标新立异仅仅是表面现象，从中可以推测到一整套世界观体系，某种不平常的东西，犹如一座睥睨天空的巨型建筑的

① 夏尔顿（1881—1955），法国古生物学家、哲学家和神学家。施辽丁格（1887—？），德国理论物理学家。

② 意为业余爱好者或半瓶子醋。

轮廓。这座尚未落成的建筑，形状奇特，引人入胜……

但，这仍然不足以说明问题。这个人还有别的什么魅力，不仅仅吸引了我。向他求教的，有教师、囚犯、科学院院士、艺术理论家、新闻记者、农学家以及我不知其身份的人。他们的来信我没有看过，我看过柳比歇夫的回信。详尽、认真、畅所欲言，有的写得妙趣横生。每封信都文如其人。可以感觉得到他的不落俗套、独行其是。通过他的信，我更理解了我自己的感情。他在信中似乎比当面打交道时更能推心置腹，至少我现在是这样想的。

他几乎没有学生，这不是偶然的。虽然许多创立了整个流派和学说的大科学家也大抵如此。爱因斯坦也没有学生，门捷列夫和洛巴切夫斯基[①]也没有。学生和学派，并不是常见的事。柳比歇夫有他的崇拜者，有拥护者，有景仰者，也有读者。他没有学生，只有私淑弟子。也就是说，他并没有教他们，是他们向他学习。学习什么呢？很难说。主要是学习应当怎样生活、怎样思考吧。似乎咱们总算找到了一个人，他知道他活着是为了什么，有什么目的……仿佛他有什么崇高的目的，甚至可能领悟了他存在的意义。不仅仅是过一种合乎道德

① 洛巴切夫斯基（1792—1856），俄国数学家。

的生活，不仅仅是问心无愧地工作，似乎他明了他所作所为的内涵。显然，这只适用于他一个人。艾伯特·施维采尔[1]并没有呼吁任何人到非洲去当医生。他选择了自己的道路，选择了用自己的方法去身体力行自己的原则。然而，施维采尔的榜样仍然触动了人们的良知。

柳比歇夫有他的历史，不是很清楚，大部分被云雾笼罩着。云雾到如今才开始消散，但一直可以感到它的存在。不管怎么说，撇开他的言行，他的智力和灵魂超越了一切已知的物理定律，具有一种特殊的放射性……灵魂越高尚，给人的印象越强烈。

## 要点

· 柳比歇夫清楚自己活着的目的，在28岁时就设立了人生目标。

---

① 又译“史怀哲”。

## 第三章

# 令人惊叹的一生

我感兴趣的是另一个问题：他，我们同时代的人，一生干了那么多事，产生了那么多思想，这是用什么方法达成的？最后几十年（他是82岁时去世的），他的工作精力和思维效率有增无减。关键不是在数量上，而在他是怎么样，用什么方法做到的。柳比歇夫对我最有吸引力的精粹、核心正是这个方法。

## 柳比歇夫的遗产

所有的人，连亚历山大·亚历山德罗维奇·柳比歇夫亲近的人在内，谁都没有想到他留下的遗产有多大。

他生前发表了70来部学术著作。其中有分散分析、生物分类学、昆虫学方面的经典著作，这些著作在国外被广为翻译出版。

各种各样的论文和专著，他一共写了500多印张。500印张，相当于12500页打字稿。即使以专业作家而论，这也是个庞大的数字。

科学史上，艾勒、高斯、赫尔姆霍茨[①]、门捷列夫都曾留下巨大的遗产。对于这种遗产，我老是迷惑不解。这一点很难

---

① 艾勒（1707—1783），瑞士数学、物理学和天文学家。高斯（1777—1855），德国数学家。赫尔姆霍茨（1821—1894），德国自然科学家。

解释，但也挺自然——古时候，人们写得比较多。至于今日的学者，出版多卷本的全集是一种罕见的甚至奇怪的现象。连作家似乎也写得比过去少了。

柳比歇夫的遗产包括几个部分：有著作，探讨地蚤的分类、科学史、农业、遗传学、植物保护、哲学、昆虫学、动物学、进化论、无神论；此外，他还写过回忆录，追忆许多科学家，谈到他一生的各个阶段以及彼尔姆大学……

他讲课，当大学教研室主任兼研究所一个室的负责人，还常常到各地考察。20世纪30年代他跑遍了俄罗斯的欧洲部分，去过许多集体农庄，实地研究果树害虫、玉米害虫、黄鼠……在所谓的业余时间，作为“休息”，他研究地蚤的分类。单单这一项，工作量就颇为可观：到1955年，柳比歇夫已搜集了35箱地蚤标本，共13000只。其中5000只公地蚤做了器官切片，总计300种。这些地蚤都要鉴定、测量、做切片、制作标本。他收集的材料比动物研究所多5倍。跳甲属的分类他研究了一生。这需要特殊的深入钻研的才能，需要对这种工作有深刻的理解，理解其价值及其说不尽的新颖之处。有人问到著名的组织学家聂佛梅瓦基，他怎么能一生都用来研究蠕虫的构造，他很惊奇：“蠕虫那么长，人生可是那么短！”

## 他的工作方法是一个创举

柳比歇夫的治学，博大精深，既是一个狭隘领域的专家，又是个杂家。

他的知识面究竟有多广，是很难测度的。谈起英国的君主制度，他能够说出任何一个英国国王临朝秉政的细节；说到宗教，不管是《古兰经》、犹太传经，还是罗马教廷的源流、马丁·路德的学说、毕达哥拉斯学派的思想……他都如数家珍。他懂复变数理论、农业经济、罗·费歇[1]的社会达尔文主义、古希腊、古罗马，天知道他还精通些什么。这，不是他要当万宝全书，不是死背硬记，他之所以获取这些五花八门的知识，是有原因的，下文自有交代。我说，他的坐功当然也是极好的。坐功好，不也是某些天才的特点嘛。说起来，这种本

① 费歇（1890—1962），英国数学家。

事在昆虫学之类的专业中颇为普遍，同时也是必需的。柳比歇夫自己就说过，他属于这样一类学者，给他们照相，不该照脸，该照臀部。

根据列夫·贝尔格、尼古拉·瓦维洛夫、弗拉基米尔·贝克列米舍夫[①]这一流专家们的反映，柳比歇夫的著作很有价值。今天，他的一些离经叛道的见解已升到有争议的等级，一些有争议的见解已升到无可争议的等级。对于他的学术声望乃至荣誉，大可不必担心。

我不打算通俗地阐述他的思想或衡量他的贡献。我感兴趣的是另一个问题：他，我们同时代的人，一生干了那么多事，产生了那么多思想，这是用什么方法达成的？最后几十年（他是82岁时去世的），他的工作精力和思维效率有增无减。关键不是在数量上，而在他是怎么样，用什么方法做到的。柳比歇夫对我最有吸引力的精粹、核心正是这个方法。他的工作方法是一个创举，不问他其余的工作和研究如何，这种工作方法是独立存在的。从表面上看，这是纯技术性的工作方法，一点也不起眼。它是自然而然形成的，但几十年来它取得了精神

---

① 贝尔格（1876—1950），苏联地理学家、生物学家。瓦维洛夫（1887—1943），苏联生物遗传学家、植物栽培学家和地理学家。贝克列米舍夫（1890—1962），苏联动物学家、寄生虫学家。

上的力量。它成为柳比歇夫生活的骨架，不仅保证了最高的效率，而且保证了最旺盛的生命力。

修饰语是没有计量单位的，甚至对一些永恒的一般性的形容词——善的、恶的、真诚的、残酷的，我们也会手足无措，无可奈何，不知道该同什么比较，不知道该怎样理解。谁是“实在善良”？谁“挺善良”？真正的“正派”是什么意思？这些品质的标准又是什么？柳比歇夫不仅仅自己过着合乎道德的生活，他对这种道德似乎有一些精确的标准，是他自己规定的，并且同他的生活方式有着某种联系。

**要点**

- 柳比歇夫既是个专家，也是个杂家。
- 时间统计法不仅保证了高效率，还保证了柳比歇夫旺盛的生命力。

第四章

# 发现“时间统计法”

他认为他那些本本是“时间统计”。好比账簿，他是在用他的方法统计支出的时间。

我发现，每个月到月底他都要做小结，画了一些图，列了一些表。到年终，又根据每月小结做一份年度总结，列出一览表。

## 令人叹为观止的编号文档

还在柳比歇夫生前，谁见过他的文档都免不了惊愕。他的文件都编了号，装订成册，好几十、好几百本。学术通信，事务信函，生物学、数学、社会学的教案，日记，论文，手稿，他的回忆录，他妻子奥尔珈·彼得罗夫娜·奥尔里茨卡娅（她花了好多力气整理这些文档）的回忆录，笔记本，札记，学术报告，照片，书评……形形色色，不一而足。

信件、手稿都用打字机重新打过，副本订了起来——不是出于虚荣心，不是为了传诸后世，丝毫没有这个意思。大部分文档是柳比歇夫自己要经常使用的，其中包括他本人书信的副本，原因在于他的书信独具一格——怎么个独具一格，下面再说。

文档仿佛记载收录了柳比歇夫事业与家庭生活的各个方

面。把所有的纸片、所有的著述和信札以及1916年开始记起的日记统统保存下来——这是我前所未见的。一个传记作家不能有更大的奢望了。柳比歇夫的生活和它的蹉跎曲折，可以一年年甚至一天天地复制，简直可以一小时一小时地回顾。据我所知，柳比歇夫从1916年开始记日记，一天也没有间断过。在革命的岁月里，在战争的年代中，住院也罢，在出门考察途中的火车上也罢，始终坚持不懈。看来，没有任何原因、任何事件、任何情况能不让他在日记中写上几行。

曾被托尔斯泰和陀思妥耶夫斯基称为俄国天才思想家的尼古拉·费道罗夫，幻想使死者复生。哪怕有一个人死亡，他都不甘心。他得到各个学术中心的帮助，企图收集弥散的分子和原子，以便“把它们合成先人的躯体”。他的离奇的博爱众生的思想，包含着对死神的激烈的抗议，说明他不能容忍死神，不愿屈服于盲目的分解力——大自然。如果我们按照费道罗夫的意思去再现柳比歇夫，或者说，使柳比歇夫“复活”，做起来大概比其他任何一个人的“复活”都要容易、准确。因为有大量的资料和材料；换句话说，数据很多。他的一切空间和时间坐标都可以复制——某一天他在什么地方，都干了些什么，看了些什么书，都见到谁了，到哪儿去了。

他的文档中，我最感兴趣的，自然是他的日记。

# 时间开销日记

作家往往受到日记的诱惑。探索别人的心灵，涉足它的隐秘世界，观察它的历史，以它的眼睛去看时间——这一切，作家都是心向往之的。任何一本日记，只要一年年认真地记，都是文学的珍贵材料。“任何一个人的生活都使人感到有兴趣，”赫尔岑写道，“不是他的生活，便是他的环境、他的国家引人入胜，生活引人入胜。”日记要求不高，只要求老实、有思想和意志。文学才能有时候竟会妨碍目击者的陈述做到公允客观。未经雕琢的、最最朴实无华的记载日常生活的日记——不知道为什么，如今是那么少……岁月流逝，蓦地发现，一些历史性、全民性的事件，虽然大家都是亲身经历了的，虽然影响到千千万万人的命运，同时代人的记述却贫乏得可怜。日记是最紧要的文献，而记述列宁格勒被围的日记竟是屈指可数。一部分明摆着被毁了，也有一部分散失了。不过当时记日记的确实也不多，苦也就苦在这上头——日记总嫌数量不够。

亚历山大·亚历山德罗维奇·柳比歇夫的日记并没有全部保存下来。他1937年以前的文档，包括日记，战时在基辅丢失了。第一册日记合订本倒是保全了——一本大账簿，用打字机打的，字是红蓝两色，打得挺漂亮，日期起自1916年1月1日。1937年以后直至他临终前最后几天的日记，共有几大厚册：已不是账簿了，而是用练习簿订起来的，后来又装订过——都是自己动手干的，不太美观，但很结实。

我翻着他的日记，一会儿看看1960年的，一会儿看看1970年的，瞅一下1940年，看一眼1941年——哪一年都是一模一样，千篇一律。天哪，实在谈不上是什么日记。哪一天都是一篇短短的明细账，记着当天干过的事，注明用了几个钟头几分钟，还注了些莫名其妙的数字。我看看战前的日记，也如出一辙。没有记叙，没有细节，没有思考——一般构成日记中心内容的那些东西一概不见。

乌里扬诺夫斯克。1964年4月7日。分类昆虫学（画两张无名袋蛾的图）——3小时15分。鉴定袋蛾——20分（1.0）。

附加工作：给斯拉瓦写信——2小时45分（0.5）。

社会工作：植物保护小组开会——2小时25分。

休息：给伊戈尔写信——10分；《乌里扬诺夫斯克真理报》——10分；列夫·托尔斯泰的《塞瓦斯托波尔故事》——1小时25分。

基本工作合计——6小时20分。

乌里扬诺夫斯克。1964年4月8日。分类昆虫学：鉴定袋蛾，结束——2小时20分。开始写关于袋蛾的报告——1小时5分（1.0）。

附加工作：给达维陀娃和布里亚赫尔写信，6页——3小时20分（0.5）。

路途往返——0.5。

休息——剃胡子。《乌里扬诺夫斯克真理报》——15分，《消息报》——10分，《文学报》——20分；阿·托尔斯泰的《吸血鬼》，66页——1小时30分。听里姆斯基·柯萨科夫的《沙皇的未婚妻》。

基本工作合计——6小时45分。

几十、几百页都是这种枯燥无味、事务性的记载，每天五至七行。如果不是搞昆虫学，那就是连着几个月记着写那本大书《文化史上的德谟克利特和柏拉图两个流派》，或者是《形态学的发展》，或者是《应用生物学中的统计方法》，再不然是他1951至1952年编写的教程。他总是注明一天用了多少时间写这部或那部稿子。他的日记，内容就是如此。至少猛一看给人这样的印象。

我本来应当把这些日记撂到一边，没有理由再去研究。干巴巴的统计，既挖掘不出感情，也挖掘不出饶有兴味的时间的细节；语言苍白单调；没有暴露任何隐秘；几乎丝毫没有痛苦，没有欣喜，没有幽默。偶或透露的一点细节，也是像电报一样乏味：

舒斯托夫三兄弟今晚来此。

病后虚弱，整日足不出户。

下雨两场，未游泳。

这些日记再看下去是没有意思了。

最后，我出于好奇，看了看关于卫国战争开始的记载。

1941年6月22日。基辅。对德战争第一天。约13时得悉……

接下去又全是他惯常的那种结算表，统计每天干过的事。

1941年6月23日，空袭警报几乎持续竟日。生物化学研究所开大会。夜间值班。

1941年6月29日。基辅。9至18时在动物研究所值班，研究线解法并写报告，夜间值班……合计5小时20分。

他送他的大儿子上前线，后来又送小儿子；两次送别，他的记载也是同样的不动感情。1941年7月，他同妻子、孙儿搭乘轮船从基辅疏散。在轮船上，他还是那么简短地、一丝不苟地记他的日记：

1941年7月21日。德国飞机空袭科托夫斯基号轮船——轰炸，机枪扫射。船长及不知姓名的一位大

**尉殒命，伤四人。明轮损坏，因此未在鲍格鲁奇停靠，径驶克列曼楚格。**

1941年节节败退的悲伤日子以及后来我们在冬季初次获胜的喜悦，在他的日记中几乎没有反映。关系到全国每个人的事件似乎没有触动日记的作者。1945年的5月、战后生活的复苏、供应卡的废除、农业的困难……他的明细账上一概没有列入。学术性的和非学术性的辩论此起彼伏。那几年，生物学战线上的战斗也十分残酷。柳比歇夫没有回避，他参加了战斗，他发表意见，他愤慨，他写信、写文章，争论不休，有时候竟成了众矢之的。他被撤过职，挨过整，受到过威胁恫吓，但也有过胜利，有过喜庆的日子，有过天伦之乐——这一切，我在他的日记里没有发现一点痕迹。不说别人，柳比歇夫可是同农业有密切联系的，了解战前农村的情况，也了解战后的，在报告和专著中都谈到过，但在日记中却无片言只语。他为人极富同情心，是个积极的公民，然而他的日记历年来都是如此干涩冷漠，活像会计账目。拿他的日记来看，什么事情也不能打乱这个人规定的工作节拍。我要是不了解柳比歇夫，面对这些日记，我会不知所措，我会以为他精神空虚，无所用心，两耳不闻窗外事，灵魂麻木不仁。可是，我了解这些日记的作者；这样，我更觉得奇怪，我想搞清楚柳比歇夫到底是什么意思，为什么他几十年来那么详细地记这个——就算这不是日记，而是详细地计算他的时间和工作的账目，这么一本账对记账的人又有什么用处？短短的记载，不能勾起回忆。不错，舒斯托夫三兄弟来过，但这又能说明什么呢？记载的方式并不是为了提供回想的线索，其中也没有任何密码暗语。同时，这不是供阅读的日记，更不是供别人阅读的。这可是叫人奇怪。因为任何一个人的日记，即使是最最秘不示人的，也总是下意识地，在心灵察觉不到的地方，隐隐约约地期待着它的读者。

但是，这如果不算日记，又是什么呢？又是有什么目的？

## 时间的账簿

当时我的冥思苦想，如今看来很可笑，我觉得我是个木头疙瘩。我相信，历来如此——任何一个发现，即使是天才的发现，发现之前的各种推理假想如果都记下来，那么，废料和各种各样愚蠢荒谬的推断，数量之多也会使我们大吃一惊。

日记怎么个记法，没有任何一定的框框；何况这又不是日记。柳比歇夫本人并没有要求人家承认这是日记。他认为他那些本本是“时间统计”。好比账簿，他是在用他的方法统计支出的时间。

我发现，每个月到月底他都要做小结，画了一些图，列了一些表。到年终，又根据每月小结做一份年度总结，列出一览表。

图是用铅笔画在方格纸上的，忽而这样，忽而那样，旁边还注着一些数字，又是加，又是乘。

这都是什么意思？无人可问。这一套统计的内情，柳比歇夫跟谁也没有谈过。倒不是保密，绝不是。他大概是认为具体细节是次要的问题。我们知道他曾把年度总结分送给朋友们，但那些年度总结只有总数，只有答案。

乍一看来，可能会把这种计算方法当作一天的工时标定。晚上临睡前，他坐下来计算，他都把时间花在什么上了，花了多少，最后算出基本工作消耗的时间。似乎再简单也没有了。可是马上又产生了问题：什么是基本工作？基本工作以外的时间为什么也要计算，而且又是那么详细？这种工时标定到底有什么用？日程表里那些0.5和1.0的数字代表什么？

另外还有一个问题：值不值得去研究他这种时间统计法，推敲琢磨它的细致微妙，寻求上面那些问题的答案？何苦呢？我这样问我自己。然而我仍然继续揣摩，绞尽脑汁去参透他这种方法的奥秘。我隐隐约约地预感到它似乎同我本人的生活有些关系；由于这种预感，我没有把那些日记撂到一边。

第四章

# 发现“时间统计法”

## 要点

- 1916年，柳比歇夫开始记录时间开销日记，一天没有间断。
- 时间开销日记的格式是：日期+事件+花费时间，每天记录5～7行。
- 柳比歇夫根据时间开销日记，每个月做月度总结，年底做年度总结。

## 第五章

# 精确感知时间

柳比歇夫肯定形成了一种特殊的时间感。

我同他见过两次面，在他日记中都有记载，时间记得十分准确——“1小时35分”“1小时50分”，然而当时他自然没有看表。我同他一起散步，不慌不忙，我陪着他；他借助于一种内在的注意力，感觉时针在表盘上移动——对他来说，时间的急流是看得见摸得着的，他仿佛置身于这一急流之中，觉察得出来光阴在冷冰冰地流逝。

# 如何与时间相处

“噢，路齐利，一切都不是我们的，而是别人的，只有时间是我们自己的财产，”塞涅卡[①]写道，“造物主交给我们，归我们所有的，只有这个不断流逝的、不稳定的东西。就连这个东西，谁只要愿意，都可以把它从我们手里剥夺走……人一点也不珍惜别人的时间，虽然它是唯一再怎么想也无法收回的东西。你可能会问，我对你训诲开导，我自己又是怎么做的呢？老实说，我的所作所为同那些挥霍浪费然而有条理的人一样，对自己的每一笔支出都要记账。我不能说我一点也没有浪费，但我总是心中有数，我浪费了多少，是怎么浪费的，为什么浪费的。”

你们看，早在纪元初，公元50年，科学工作者——赛纳

① 塞涅卡，古罗马的哲学家、政治家、作家。

卡很可以算作科学工作者——就已经在计算自己的时间，努力节约时间。哲学家，古代的哲学家，是最先理解时间的价值的。肯定在塞涅卡以前，他们就试着想个什么法子去给时间戴上笼头，使它驯服，了解它的本质，因为当时的人们已经对时间的奔驰感慨万分了。

但是我们出于自命不凡，深信古人的时间绰绰有余。古人只有日晷、水漏、沙漏，连计算时间都不像个样子，还谈得上什么珍惜时间？按照实干家的见解，进步不就在于替这位实干家节约时间嘛。为了节约时间，实干家下了马车坐上火车，下了火车坐上飞机。发明了电报和电话来代替书信，电视代替了剧院，拉链代替了扣子，圆珠笔代替了鹅翎。电梯、计算机、百货公司、电传打字机、电动剃刀——这一切发明，都是为了替人节省时间。然而，不知道为什么，人越来越感到时间不够用。实干家加快了速度，推广了电子计算机，把百货公司翻修成自选商场，采用照相制版法来印报纸，连说话都尽量说得简洁些，也不动手写了，而是利用录音机口授。但时间却越来越紧张。不仅是实干家，人人都感到时间的匮乏。没有时间看朋友；没有时间写信；没有时间照料孩子；没有时间去想；没有时间到秋天的树林里去站一会儿，什么也不想，光去听听飞舞的落叶飒飒作响；没有时间吟诗；没有时间去给父母扫墓。小学生也好，大学生也好，老头儿也好，大家都没有时间。时间不知哪里去了，越来越少。手表再也不是奢侈品，每个人手腕上都戴着，走得很准，校正过，还防水；人人心里都有一座闹钟嘀嗒嘀嗒走着。但是时间并没有因此而增加。时间的分配几乎同两千年以前的塞涅卡时代一模一样："我们一生的时间，大部分用于错误及种种恶行；很大一部分虚抛浪掷，无所事事。我们整个一生，几乎都没有用来干应当干的事。"

如果能把用于工作的时间一笔勾销，那倒是很有必要的。这两千年来，情况当然有些好转，有许多著作问世，探讨自由时间、物理时间、宇宙时间，研究时间的节约以及如何正确地利用时间。时间原来是不能倒转的，也不能储存起来，把多余的时间放到仓库里，要多少取多少。如果能这么做，倒是挺方便，因为人并不是什么时候都需要时间的。有时候他压根儿无处可用，只好消磨时间。时间的令人烦恼之处正在于它不能不用。结果，人们兴之所至，乱花滥用，用来干五花八门的荒唐事。有些人，时间对他们是个累赘，他们不知道把它怎么办，怎样打发。

第五章

精确感知时间

## “我对时间统计法已经习惯了，没有它就没法工作”

大家知道，幸福的人是不看表的；反过来说也对，不看表的人是幸福的。但是，柳比歇夫不是由于工作上的关系，不是出于不得已，而是自愿地担当起“看表”的苦差使。

柳比歇夫的女儿讲过，她在童年时代，有时和弟弟一起到书房去找父亲问问题；每当他开始耐心地回答的时候，他总要在纸上做什么记号，哪一回都是这样。多年后她才知道父亲是在记时间。他无休无止地进行自我工时标定。任何活动——休息、看报、散步，他都记下时间，多少小时多少分钟。他这是从1916年1月1日开始的。当时他26岁，在部队里服役，是在化学委员会，在著名的化学家弗拉基米尔·尼古拉耶维奇·伊格纳节耶夫手下工作。时逢元旦，人们往往在这一天发下誓愿：什么再也不干了，什么该干起来。柳比歇夫也是在这一天起的誓。

我上面说过，头一本统计册保存下来了。头一本用的方法还挺原始；日记也同后来不一样，思考和感想挺丰富。他的方法是逐步形成的，在1937年的日记中已臻于完善。

不管怎么样，从1916年到1972年他去世的那一天，56年如一日，柳比歇夫一丝不苟地记下了他的时间支出。他的历史长篇一天也没有中断过，连儿子的夭亡也挡不住他在这份没完没了的结算表上记上一笔。时间之神克罗诺斯不也是这样嘛，不也老是挥舞自己的鞭子，一次也不放过。

柳比歇夫每天都要结算他度过的时间，算出这个那个都用了多少小时多少分钟。

柳比歇夫如此忠于自己的方法，这本身便是一个独特的现象；这样的日记，单单它的存在，说不定便是独一无二的。

多年来经常看表的结果，柳比歇夫肯定形成了一种特殊的时间感。在我们机体深处嘀嗒嘀嗒走着的生物钟，在他身上已成为一种感觉兼知觉器官。我做出这样推断的根据是：我同他见过两次面，在他日记中都有记载，时间记得十分准确——“1小时35分”“1小时50分”，然而当时他自然没有看表。我同他一起散步，不慌不忙，我陪着他；他借助于一种内在的注意力，感觉时针在表盘上移动——对他来说，时间的急流是看得见摸得着的，他仿佛置身于这一急流之中，觉察得出来光阴在冷冰冰地流逝。

我浏览了他《论生物学中运用数学的前景》一文的手稿，在最后一页我看到了这篇论文的“成本”：

准备（提纲、翻阅其他手稿和参考文献）

14小时30分

写29小时15分

共费43小时45分

共8天，1921年10月12日至19日。

看起来，早在1921年他对时间统计已经研究停当，可以准确地算出每项工作的时间消耗。

他做时间统计，也善于做时间统计。

有些作者在稿子上注明完稿日期。写上具体日子的较为少见；写明从几日到几日的，那就更少见了。至于用了多少小时，我是头一遭见到。

柳比歇夫的每篇论文，都有“成本”核算。这个核算是怎么做的？原来根本没有专门做过什么核算。他的时间统计法仿佛是一台计算机，自动提供了数据：写一篇文章，看一本书，写一封信，不管干什么，每道工序的时间都算得一清二楚。

时间比过去少了，时间的价格比过去高了。

人最宝贵的是生命。但是仔细分析一下这个生命，可以说，最宝贵的是时间。因为生命是由时间构成的，是一小时一小时、一分钟一分钟累积起来的。现代的人对他宝贵的、奇缺的、干什么都不够用的时间，总是要这样那样地计划一番。我同大伙儿一样，也开张单子，列出要办的事情，为的是更合理地安排时间。我也预先计划一星期——有时是一个月的时间，注明完成任务的期限。有条理的、意志坚强的人，一天完了，还要分析分析当天的情形，弄清楚该怎样合理地支配自己的时间。当然只是工作时间喽。但就是这样，他们也是了不起的人（对我来说）。我可是意志不够坚强，干不了这种事，而且这又有什么愉快的呢！更何况分析的结果可能会使你烦恼不堪。没有什么特殊的必要，值不值得在这上头丧失自尊心？责备自己没有条理、不会好好安排自己的生活——这是一码事，然而对什么都了如指掌，连损失了多少小时多少分钟都清清楚楚——这又是一码事。我们真诚地相信我们是在尽力而为，认真地埋头工作，蓦地发现我们真正做工作的时间说不定只有一个小时、一个半小时，其余的时间都流走了，消逝了，浪费在无谓的奔忙和聊天上，浪费在等待鸿鹄之将至。我们不是挺珍惜每一分钟的嘛，放弃了休息，摒绝了娱乐……

于是，有各种时间节约专家应运而生，有专门的参考书问世。多数是为企业领导人服务的。有人计算过，数他们的时间最宝贵。

美国经理们的科学导师彼得·德拉克建议每个领导人把自己的时间做个精确的记录，然而他说，这个记录做起来极其困难，大部分人都吃不消：

“我强迫自己去请求我的秘书每过9个月做一次时间统计，统计一下3个季度来我的时间利用情况……我向自己保证，并且向她做了书面保证（她坚持要这样办）：她把统计结果拿来给我看的时候，我绝不把她解雇。然而，虽然我这样已坚持了五六年，但我每次总要嚷嚷：‘不可能！我知道我浪费了很多时间，不过不可能有那么多……’我倒想看看，谁做了这样的统计会得出不同的结果。”

彼得·德拉克深信没有人会接受他的挑战。他是专家，他这个有勇气的人以他的亲身经历对此深信不疑。能够下定决心做这种分析的，确实寥寥无几。做这样的分析，比做忏悔需要更大的精神力量。在上帝面前坦白，总要比在凡人面前坦白容易些。把自己的弱点、恶习、空虚等统统暴露在众人面前和自己面前，是需要勇气的。德拉克说得对，只有让-雅克·卢梭或托尔斯泰这样的人，才能严格无情地解剖自己。

当然，我们这里要求比较低，只要求看见自己的职业上的“我”，但敢于这样做的也是凤毛麟角。

柳比歇夫不是行政管理人员，不是组织者。他的职务也好，周围的人也好，都没有要求他实行时间登记制度。他不可能托女秘书记录他的时间。他非但自己动手每天统计，还亲自做结算，详细到了无情的地步，什么也不隐瞒，什么也不缩小。不仅如此，他还拟订计划，预先安排好下一个月的时间，安排好每一个小时。一句话，他的时间统计方法本身就需要花费相当多的时间。人们不禁要问：“为了什么要这样干？自愿去做这项苦工，拿它来折磨自己，有什么意思呢？”他的朋友们都感到莫名其妙。他的回答极其笼统含糊：“我对这个时间统计法已经习惯了，没有它就没法工作。”但为什么要养成这个习惯呢？为了什么要创造这个方法？实干家为什么需要这个方法，它为什么对实干家有好处——这样泛泛而论，我们倒是明白的。笼统的说明，我们总是能够明白的。可是为什么柳比歇夫他要这样做？是什么迫使他这样做的？

第五章

# 精确感知时间

## 要点

- 除了工作，休息、看报、散步等所有活动花费的时间，柳比歇夫都记录在日记中。
- 通过记录，柳比歇夫形成了独特的感知时间的方法，不需要钟表，他也能准确估计时间过去了多久。
- 通过时间统计法，柳比歇夫能准确估算出完成一项任务所需的时间，从而合理安排工作计划。

# 第六章

# 缘起：一生的奋斗目标

这样到底好不好？——给自己的生活定了框框，定得那么死。

然而事实上（这个事实很值得注意），柳比歇夫的命运并非如此。他的一生是生气勃勃、和谐协调的。他孜孜不倦地追求自己的既定目标，在他的生活中是起了重大作用的。他一生始终忠于他青年时代的选择，忠于自己的爱好和理想。他自己认为自己是幸福的。

## 一生的奋斗目标：创立生物自然分类法

1918年，柳比歇夫从部队复员回来，开始从事纯学术工作。那会儿，他已经提出他一生的奋斗目标——创立生物自然分类法。

“要创立这样一种分类法，必须先找出某种类似的原子量；我想对没有直接功能作用的机体结构中的曲线进行数学研究，通过这个办法来找……”亚历山大·亚历山德罗维奇在1918年这样写道，“这项工作在数学上看来困难极大……我起码要过5年，等数学基础打得好一些，到那时候才能着手完成这项主要任务……我立意要写一部数学生物学；一切企图把数学运用于生物学的尝试，都将包容于这部书中。”

在那几年，人们对他的想法，反应颇为冷淡。应该说，柳比歇夫于1918年到那里去工作的辛菲罗波尔市的塔夫利达大学，当时委实是人才济济：数学家克雷洛夫和斯米尔诺夫，天文学家司徒卢威，化学家白柯夫，地质学家奥布鲁契夫，矿物学家维尔南茨基，物理学家弗伦凯尔和塔姆，森林学家莫罗卓夫，自然科学家弗拉基米尔·帕拉金和亚历山大·帕拉金两兄弟，苏希金，维索茨基；最后还有柳比歇夫终生崇敬的老师亚历山大·加夫里洛维奇·古尔维奇。

这位青年教师并没有因为泰斗们的怀疑而彷徨。岁月递嬗，具体的方法有所修正，某些东西不得不重新审议，但是总的任务不变——一旦干了起来，他一辈子也不背离既定的目标。

传说施利曼[①]起誓要找到特洛伊遗墟的时候才8岁。施利曼的例子之所以广为人知，原因之一是这种向目标直线进军、终生锲而不舍的情况在科学史上极为罕见。柳比歇夫二十多岁刚开始从事学术工作的时候，也明确地知道他要达到什么目标。真是幸福而不平凡的命运啊！他自己提出了他的工作纲领，并从而预决了他的活动的整个性质，事实上是至死不渝。

① 施利曼（1822—1890），又译“谢里曼”，德国考古学家。

**这样到底好不好？——给自己的生活定了框框，定得那么死。捆住了自己的手脚，戴上了笼头，错过了其他的机会，人变得干巴巴的……**

**然而事实上（这个事实很值得注意），柳比歇夫的命运并非如此。他的一生是生气勃勃、和谐协调的。他孜孜不倦地追求自己的既定目标，在他的生活中是起了重大作用的。他一生始终忠于他青年时代的选择，忠于自己的爱好和理想。他自己认为自己是幸福的；而且在旁人的眼里，他的生活由于目标明确，也是令人羡慕的。**

23岁的维尔南茨基[①]写道，他立志“要在智能、知识和才华上尽量取得实力，这样我的智慧便会无比地丰富多彩……”他在另一处写道：“我充分意识到，我可能是致力于错误的、靠不住的东西，误入歧途，但我不能不走这条路。我憎恨对我的思想有任何束缚，我不能也不愿我的思想顺着这样一条道路发展下去，它虽然在实际上是重要的，但它不能使我对那些折磨着我的问题有起码的了解……这样一种探索、这样一种企求，正是任何一种学术活动的基础。这只会使我们不致成为在故纸堆中讨生活的书蠹，只会使我们真正地生活，在学

① 维尔南茨基（1863—1945），苏联地球化学家和矿物学家。

术工作中找到喜怒哀乐……追求真理。我完全知道，我可能在追求真理中死去，可能因此而丧生，但我重视的是找到真理，即使不是找到，那也是力求找到，不管这个真理是多么令人苦恼，是多么虚无缥缈，多么卑鄙龌龊。”

这些青年时代的誓言总是激动着人心：赫尔岑、奥加廖夫、克鲁泡特金、梅契尼科夫、贝赫捷列夫①——几代俄罗斯知识分子立志献身于追求真理的斗争。每个人都选择了自己的道路，但某种共同的东西把他们这些如此不同的人联系在一起。这不能简单地说成是对科学的忠诚，而且他们之中谁也不是光研究一门科学。他们都是又搞历史，又搞美学，又搞哲学。俄罗斯作家的精神探索史是众所周知的。俄罗斯科学家追求道德的历史也并不逊色，其精彩与深刻不亚于作家。

但，立志忠于科学（哪怕是心爱的科学）是一码事，给自己规定具体的目标又是一码事。

万一特洛伊根本没有存在过呢？万一它是荷马虚构的呢？这样一来，施利曼岂不是白白蹉跎了一生？

万一柳比歇夫确定的目标是不能达到的，是根本不可能

① 奥加廖夫（1813—1877），俄国贵族革命家、思想家、政论家和诗人。克鲁泡特金（1842—1921），俄国无政府主义者、地理学家。梅契尼科夫（1845—1916），俄国生物学家。贝赫捷列夫（1857—1927），俄国精神病学家。

实现的呢？万一过了二十来年，证明创立这样一种生物自然分类法是不可能的呢？或者说，万一现代数学机器不适合于这方面的用途呢？这样一来，虚度了年华，当初的目标原来是虚幻的东西，目标明确变成了漫无目的。

这是冒险吗？不，比冒险更可怕：这是押宝——未来、才华和希望——这些生活中最美好的东西，统统拿来孤注一掷。谁知道有多少这样的幻想家在无声无息中死去，没有达到可望而不可即的目的！

## 最好不是去震惊世界，而是生活在世界上

狂热、偏执、禁欲——科学家为了实现自己的理想，什么代价没有付出过？！

在科学中，着迷是危险的东西。对某些气质的人来说，或许是必要的，不可避免的，但代价太大了。着了迷的人对科学危害甚烈；着了迷，往往不能批判地对待事物，连牛顿这样的天才也在所难免——我们只要提一下牛顿对虎克[①]不公道的行为，便足以说明问题。

在青年时代，柳比歇夫心目中的英雄人物是满脑袋虚无主义、唯理主义的巴扎洛夫。在那个年代，柳比歇夫的许多同窗学友都模仿巴扎洛夫。这又是一个例证，说明文学主人公不只是对一代而是对几代俄罗斯知识分子起了积极的作用。他

① 虎克（1635—1703），英国自然科学家。

们在青年时期，同巴扎洛夫一个腔调，眼里只有自然科学；什么历史，什么哲学，统统是扯淡。捎带说一句，文学也不能幸免。柳比歇夫当时只承认文学是学好外语的一种工具：《安娜·卡列尼娜》，他看的是德文版，“因为译文要比原文易懂”。

一切服从于生物学；凡是无助于此的，一概置之不理。他那时憧憬着建功立业，遵循着英雄主义的陈词滥调：首先是工作，一切为了工作；为了事业，不惜牺牲一切。

事业代替了伦理，决定了伦理，它本身就是伦理，把存在和哲学的一切问题一笔抹杀；为了事业，人世间的一切喜悦和乐趣都不值一提。

舍此取彼，他取了自我牺牲。

这是我们熟知的那种科学狂。他为之献身的生物学任务相当重要，其余的事情与他都不相干。科学要求付出最大的努力，做出最严格的自我克制。不是这，便是那。司空见惯的两个极端。不是圣贤和英雄，便是庸人、坏蛋，哪方面都不配做人的人。我们在这里是没有中庸之道的。如果不能成为榜样，不能成为理想人物，那就什么都无所谓了——是骗子也罢，是正直的科学家也罢，对艺术有兴趣也罢，不学无术、下流无耻也罢……只有完人才能得到承认；一个人仅仅做到有良心、规矩正派，那是不够的。

柳比歇夫开始的时候同旁人差不多，跟所有年轻人一样，渴望着建树功勋，成为拉赫美托夫[①]，成为超人。一步步，他才逐渐恢复天性，显出人的弱点，他鼓起勇气继续前进，攀登越来越陡峭的高峰——追求人性，追求那最最朴实的人性。

需要好多年才能懂得，最好不是去震惊世界，而是要像易卜生所说的，生活在世界上。

这样，对人，对那门科学都要好一些。

柳比歇夫的长处首先在于他懂得这些道理要比其他人早得多。

帮助他做到这一点的，正是他的研究工作。他的研究工作要求……不过那是后话，至于在初期，根据一切计算（柳比歇夫是喜欢计算也善于计算的），他的工作要求他付出正常人无法比拟的精力，需要消耗比正常人的一生更多的时间。他当然相信他能做到，但总是要从另外什么地方再去挖掘一些力量，再去挖掘一些时间。

---

① 俄国革命民主主义作家车尔尼雪夫斯基的名著《怎么办？》的主人公。

## 要点

- 柳比歇夫很早就意识到，达成人生目标需要耗费巨大的时间，所以他不断从生活中挖掘时间。
- 一生忠于一个目标，柳比歇夫自己是幸福的；在别人眼中，也是令人羡慕的。

第七章

# 人生的容量

他的时间好像是物质，不会无影无踪地消逝不见，不会消亡；它变成了什么，总能查得出来。由于做了统计，他获得了时间。这是最实在的收获。

## 随时随地利用“时间下脚料”

我像是果戈理笔下的阿卡基·阿卡基耶维奇。他在抄抄写写中找到乐趣……我在学术工作中也很愿意发现新的事实，做纯技术性的工作等，从中找到乐趣。再加上我从我念念不忘的父亲那里遗传来的乐观主义，结果我写了许多东西备而不用。这些东西，我根本没有指望发表。重要的论著，我做的摘要十分详细，甚至到现在我在这上面仍花很多的时间。我积累了丰富的材料。同时，凡是最重要的著作，我都要写个提纲，再进行分析研究。所以我手头有大量的存货，一旦有可能出版，存货立刻能派上用场；文章写得很快，因为事实上它不过是我平日储备着的材料，随用随取。

## 第七章
## 人生的容量

在青年时代，我的读书方法使我在某种程度上落后于别人，因为我看的书比我的同志少。他们看书比较浮皮潦草。但是，浮皮潦草地看书，有许多精彩的东西消化不了，看过的东西很快会忘记。至于我看书的办法，能使我得到十分清晰牢固的印象。所以，随着岁月的推移，我的库存要比我的同志丰富得多。

年复一年，这个方法以及他的其他工作方法，优点越来越突出。他仿佛什么都提前几十年计算好、设想好。仿佛连他的长寿都是事先估计到、考虑到的。

他的一切计划，甚至最后一个五年计划，制订的出发点，都是设想他起码应当活到90岁。

不过这是后话，暂且不提，他只是想方设法利用每一分钟，利用任何所谓的“时间下脚料”：乘电车、坐火车、开会、排队……

还是在克里米亚，他已经注意到边走路边打毛衣的希腊女人。

每一次散步，他都用来捕捉昆虫。在那些废话连篇的会议上，他演算习题。

他规定，短距离，两三公里路，最好步行，省得为了等车浪费时间、损害神经。步行还有一个好处，因为反正需要散步。

**他对“时间下脚料”的利用，考虑得无微不至。出门旅行，他看小部头的书，学习外语。举个例子，英语，他就是主要利用“时间下脚料”学会的。**

我在苏联植物保护研究所工作的时候，常常出差。一般我要带一定数量的书上火车。如果是长期出差，我就把书打成邮件，寄到某地。带多少书，根据以往的经验来决定。

我在一天之内是怎么安排读书时间的？清早，头脑清醒，我看严肃的书籍（哲学、数学方面的）。钻研一个半到两个小时以后，看比较轻松的读物——历史或生物学方面的著作。脑子累了，就看文艺作品。

在路上看书有什么好处？第一，路途的不便你感觉不到，很容易将就；第二，神经系统的状况比在其他条件下良好。

坐电车，我看的不是一种书，有两三种书。如果是从起点站坐起（例如在列宁格勒），那就可以有位子坐，因而不仅可以看书，还可以写字。如果电车很挤，有时候只能抓着扶手杆勉强站住，那就需要小册子，而且要比较轻松的。现在列宁格勒有许多人在电车上看书。

可是，“下脚料”越利用越少，而对时间的需求越来越大。

工作越深入，面也越宽。先是需要认真研究一下数学，后来又轮到哲学。他逐步发现生物学同其他学科有着千丝万缕的联系。他所钻研的分类法，促使他批判地对待达尔文主义，特别是那种认为自然淘汰是进化主导因素的理论。他不怕人家责备他陷入活力主义、唯心主义，但应当研究哲学。

已经晚了，但他终于明白，他不懂历史不懂文学是不行的；不知道为什么，他还需要懂一点音乐……

应当不断挖掘一切时间潜力。明摆着，人不能老是每天工作十四五个小时，应当正确利用工作时间，从时间中去找时间。

实际上，正如柳比歇夫亲身体验到的，需要高深学识的工作，他一天至多能干八个小时。

## 时间统计法的本质：针对过程的“事件·时间日志”

他记下工作起讫的时间，误差不超过5分钟。

“工作中的任何间歇，我都要刨除。我计算的是纯时间，”柳比歇夫写道，“纯时间要比毛时间少得多。所谓毛时间，就是你花在这项工作上的时间。”

常常有人说，他们一天工作十四五个小时。这样的人可能是有的。可是拿纯时间来说，我一天干不了那么多。我做学术工作的时间，最高纪录是11小时30分。一般，我能有七八个小时的纯工作时间，我就心满意足了。我最高纪录的一个月是1937年7月，我一个月工作了316小时，每日平均纯工作时间是7小时。如果把纯时间折算成毛时间，应该增加

25%到30%。我逐渐改进我的统计，最后形成了我现在使用的方法……

当然，每个人每天都要睡觉，都要吃饭。换句话说，每个人都有一定的时间用在标准活动上。工作经验表明，约有12到13小时毛时间可以用于非标准活动，诸如上班办公、学术工作、社会工作、娱乐等。

计划的复杂性在于如何安排一天的时间。他决定，用去的时间应该同他从事的工作相称。也就是说，比方写一篇有独特见解的论文吧，占用的时间既不能太少，也不能太多。

**计划就是挑选时间、规定节律，使一切都各得其所。**头脑清醒的时候应当钻研数学，累了便看书。

应当学会不受周围环境的干扰，用在工作上的3个小时应当是真正做工作的3个小时，不想不相干的事，不听同事的谈话，不听铃声和笑声，也不听收音机……

**这个方法之所以能够存在，是依靠经常的计算和检查。没有计算的计划是盲目的计划，就像某些研究所那样，光会做计划，却不去操心这计划能不能完成。**

**应当学会计算一切时间。**

他把一昼夜中的有效时间即纯时间算成10个小时，分成3

个单位，或6个“半单位”，正负误差不超过10分钟。

除了最富于创造性的第一类工作外，所有规定的工作量他都竭力按时完成。

第一类工作包括中心工作（写书、搞研究）和例行工作（看参考书、做笔记、写信）。

第二类工作包括做学术报告、讲课、开学术讨论会、看文艺作品，不属直接科研工作的活动都包括在内。

我们随便拿一天的日记来做例子——1965年夏季的一天：

> 索斯诺戈尔斯克。0.5。基本科研（图书索引——15分，陀布尔让斯基——1小时15分）。分类昆虫学，参观——2小时30分，安置捕捉器两个——20分，分析——1小时55分。休息，第一次在乌赫塔河游泳。《消息报》——20分，《医学报》——15分，霍夫曼的《金罐子》——1小时30分，给安德朗写信——15分。共计8小时35分。

整个一天的活动，直至看报，都经过分析，分门别类登记上了。

怎么是“共计8小时35分”？从记录看，这仅仅是第一类工作时间的总数。其余经过计算的时间是第二类工作或其他。每天只合计第一类工作的时间，然后再把一个月的加起来，就拿这个1965年的8月来说，第一类工作的总时间是136小时45分。其中又包括哪些项目呢？请看吧，一切情况在每月小结中都有说明。

基本科研 ——59小时45分

分类昆虫学 ——20小时55分

附加工作 ——50小时25分

组织工作 ——5小时40分

合计 ——136小时45分

“基本科研”这59小时45分包括什么内容，用在什么上了？

1. 分类工作——

《分类法的逻辑》报告草稿 ——6小时25分

2. 杂事 ——1小时0分

3. 校对《达达派研究》 ——30分

4. 数学 ——16小时40分

5. 日常参考书：《里亚普诺夫》 ——55分

6. 日常参考书：《生物学》 ——12小时0分

7. 学术通信 ——11小时55分

8. 学术札记 ——3小时25分

9. 图书索引 ——6小时55分

合计 ——59小时45分

我们还可以随便拿哪一项继续分析下去，就拿第六项吧——日常参考书：《生物学》——12小时。这12小时花在什么上面，一目了然，误差不超过1分钟。

1. 陀布尔让斯基《人类的进化》，372页，看完（共16小时55分）

——6小时45分

2. 亚诺什·卡罗埃《动物有没有思想》，91页

——2小时0分

3. P. 贝尔格的手稿 ——2小时0分

4.聂考洛·奥斯维尔陀，17页

——40分

5. 拉特纳的手稿 ——1小时30分

合计 ——12小时55分

大部分学术著作都做了摘要，有的还做了分析研究。所有摘要和评论都规规矩矩地装订成册。这些用打字机打的合订本，犹如读书总结，是他融会贯通了的知识的存放处。只要翻一下提要，就可以记起某本书中需要的东西。

柳比歇夫有种罕见的才能——随便哪本书的作者，凡有独特的见解，他都极善于汲取。有的书，一张纸就够；某些大部头书，需要几张纸来归纳。它们的精华同它们的厚度怎么也不相称：大量的插图、表格、附页、书皮……

除了第一类工作，第二类工作的统计也是同样的详细。为什么要这样精打细算，就比较难解释了。文艺作品的阅读花了23小时50分。有什么必要开列出来，一一计算呢！其中：“霍夫曼，238页——6小时”；“米里尔斯基论霍夫曼——1小时30分”等。

接着是8本英文书，共计530页。

写了7封计划内的信。

报纸杂志看了多少多少小时，给亲人写信花了多少多少小时。

这样详细，可以说是多此一举，但我已经学会小心谨慎，避免匆匆忙忙做出结论。我相信，柳比歇夫的一切都是有道理的，不过他的道理，人家并不是永远都能明白的。要是没有好处，只会浪费时间，他总不会年复一年地进行时间分析。

然而，事情还是弄清楚了。要采用这种方法，必须知道一切有效时间，洞察时间中一切曲里拐弯的地方和空白点。这个方法不承认有什么不能利用的时间。所有的时间一视同仁，一样宝贵。对于人，不应当有什么坏的、无用的、多余的时间。也没有休息的时间。所谓休息，是两种工作的交替，就像是正确的田间轮作制。

无话可说，这自有它的道理。因为每个小时都是生命的一部分。这个小时和那个小时都是平等的，每个小时都要结算。

结算同时也是对计划的总结。一总结马上提出下个月的计划。举例来说，1965年9月的计划包括哪些内容？规定：10天在新西伯利亚的学院里讲课，18天在乌里扬诺夫斯克，2天花在路途上。接着是哪一项工作要用多少多少小时，巨细无遗。比如，写信24封——38小时。开出必读书单。在照相时要干些什么。要给谁写一份评语。

与学院里的职务有关的工作，也要做个计划，参考以往的经验，把时间大致安排好……

制订年度计划或月计划时，不得不依靠过去的经验。例如我计划要看一本什么书。根据老经验我知道，我一小时能看20～30页。我就根据这个老经验来制订计划。至于数学，我计划每小时看4—5页，有时更少。

所有看过的东西，我都要仔细研究。怎么研究？如果一本书谈的是我不大了解的新东西，我就尽量做摘要。凡是比较重要的书，我都尽量写一份评论性的简介。根据以往的经验，需要做这些工作的书，可以定出一定的量。

如果认真办事，实际工作时间对预定工作时间的误差一般为10%。需要做摘要评论的书，常常没有完成预定的数目，落下很多。兴趣往往转到别的事情上去了，欠了很多债，一下子还清又不可能，结果就完不成计划。有时候，完不成计划是由于工作精力暂时衰退。完不成计划也有外界的原因。但不管怎么样，我知道，我的工作有必要做计划。我以为，我所取得的成就，有许多是靠了我的方法。

基本工作的时间也要计划一番：备课、生态学、昆虫学及其他科研工作。第二类工作的时间一般要比第一类多10%左右。

他完成计划的精确程度，每每使我惊诧不已。有时自然也有预计不到的情况。1938年的年度总结中，柳比歇夫写道，第一类工作没有完成，差28%：“主要的原因是奥丽雅和瓦丽雅病了，结果同人们打交道多了。”

他的时间好像是物质，不会无影无踪地消逝不见，不会消亡；它变成了什么，总能查得出来。由于做了统计，他获得了时间。这是最实在的收获。

年度总结是篇幅浩瀚的报表，整整有一本。什么都有记录。以1938年为例：多少时间用于生态学、昆虫学、组织工作、动物研究所、基塔耶沃的水果研究所；多少时间用于同人们打交道、路途往返、家务。

从这份年度总结中可以了解到看了多少书，都是什么书；各国文字的文艺作品看了多少页。一年竟看了9000页，共用247小时。

这一年写了552页学术著作，其中有152页付印出版。

每一年过去，柳比歇夫都要进行分析研究，统计学的一切办法都用上了。素材有的是——那便是每个月的小结。

总结完上一年，就该制订下一年的计划了。下一年的计划是根据柳比歇夫提出的任务大致安排的。

> 中心任务（1968年）是8月份在莫斯科召开的国际昆虫学会议，我准备在会上做个报告，谈谈经验分类法的任务和道路。

他写道，哪些论文该在会议开幕前写完，在鉴定跳甲属上要做哪些工作，在乌里扬诺夫斯克、莫斯科和列宁格勒各待多少天，那几年中他的主要著作《文化史上的德谟克利特和柏拉图两个流派》写多少页，分类学和进化论方面的《论分类学的未来》写多少页。然后大致安排一下时间，用他的计算单位来表示：

| | |
|---|---|
| 第一类工作 | 570（564.5） |
| 路途往返 | 140（142） |
| 交际 | 130（129） |
| 私事 | 10（8.5） |

诸如此类，一共是1095。

括号内是完成数字。括号内外的数字相差无几，说明他能多么精确地提前一年计划他的生活。

他在总结中吹毛求疵地记上一笔：

第一类工作完成564.5，原计划570，赤字为5.5，即1%。

也就是说，一切都相符，误差仅为1%！

第七章

人生的容量

# 总结的价值和意义

每月小结虽然巨细备载，年度总结中仍把所有干了的、读了的、看了的统统收集到一起，加以计算，分门别类。一年来的工作和休息——简直是什么事情都要结算累计。

“娱乐——65次”，接着是一张清单，列举了看过的戏和电影、听过的音乐会、参观过的展览会。

65次——是多还是少？

似乎是多了。话说回来，我也没有把握，因为我不知道该怎么个比法。同我比吗？问题正在这儿——我就没有计算过，说不出我一年看几场电影，听几回戏，参观几次展览会。连大约的数字，我也一下子说不上。更说不出情况有什么变化：随着我年龄的增长，这个数字发生什么变化，我看多少书，看的书是逐年增加还是逐年减少，科学书籍和文艺作品的比重有什么变化？我写多少封信？每年有多少时间用在路上，用于交际和运动？

我心中没有一个准数，对自己没有一个准数。我有什么变化，我的工作精力、我的爱好和兴趣有什么变化……说起来，我原来倒是以为了解自己的，可是一接触到柳比歇夫的那些总结，我才明白我其实是对自己一无所知，一点也不了解。

……1966年，第一类工作共计1906小时，原计划为1900小时。与1965年相比，增加27小时。平均每日5.22小时，即5小时13分。

了不起！每天有5小时13分钟搞纯学术工作，天天如此。整整一年没有休假，没有节假日！5个小时的纯工作时间，也就是说，5个小时内没有什么歇一会儿抽支烟的工夫，没有聊天谈话，没有溜达散步。仔细想想，这可是一个可观的数字。

一连几年的数字结算如下：

| | |
|---|---|
| 1937年 | 1840小时 |

| | |
|---|---|
| 1938年 | 1402小时 |
| 1939年 | 1362小时 |
| 1940年 | 1560小时 |
| 1941年 | 1342小时 |
| 1942年 | 1346小时 |
| 1943年 | 1612小时等 |

这是基本科研工作的时间，其他一切辅助工作都没有计入。这是创造和思考的时间……

任何一项最最繁重的工作，恐怕都不会规定这样的制度。人要给自己规定这样的制度，只能出于自己的主动。

柳比歇夫的工作比有的工人还重。他大可以像大仲马那样，举起双手，叫大家看看他手上的老茧，以此证明其言不虚。一年写了1500页！洗印了420张照片！这是在1967年。他可是已经77岁了。

| | |
|---|---|
| 俄文书共读50本 | 48小时 |
| 英文书共读2本 | 5小时 |
| 法文书共读3本 | 24小时 |
| 德文书共读2本 | 20小时 |

7篇论文付印……

由于长期住院，阅读的时间自然多了，但主要工作的计划还是超额完成了，虽然有许多事没有办好，例如《科学与宗教》一文占用的时间要比原先预计的多4倍。

年度总结的详细，比得上整个企业单位的总结。逝去的时间，轮廓勾勒得多么精致多么清楚——那么些表，那么些图，那么些系数。柳比歇夫被公认是极高明的分类学家和数学统计专家之一，确实名不虚传。

在其他项内，列入没有看完的书留下的尾巴——欠下的债。

| | |
|---|---|
| 达尔文《造物的神殿》 | 5小时 |
| 德·布洛埃尔《物理学中的革命》 | 10小时 |
| 特林格《生物学与情报》 | 10小时 |
| 陀布尔让斯基 | 20小时 |

欠债的账单每年重复一次，债务没有减少。

有些材料是出人意料的：游泳43次，同朋友、学生交往——151小时，最欣赏哪几部影片……

他的总结看起来挺枯燥，研究起来却很有味儿。

人在一年内能干多少事，能见识多少东西啊！太多了！每一份总结都显示了人有多大的潜力，每一份总结都使我们为人有那么充沛的精力而感到骄傲。人的精力，如果明智地利用它，能创造多少成果啊！此外，我头一次发现，一年原来有那么大的容量。

除了年度计划，柳比歇夫还把他一生的时间制订成一个个五年计划。每过五年，他就把度过的时间和干过的事分析一通，可以说是做个总的鉴定。

> ……1964至1968年……在跳甲属方面做了很多工作。但，我如果能在下一个五年计划完成论述大田跳甲属的专著，就满意了。收集完毕，但我并不指望在下一个五年计划中能确定各族系之间的差异……由此可见，虽然在形式上我哪一项都是连一半也没有完成，然而各项工作都有显著的进展……

他的工作，面一般铺得很广。上面提及的那个五年计划，要搞数学、分类学、进化论、昆虫学和科学史。所以，总结也好，计划也好，都分成许多项、许多小项。

时间统计好当然是好，可是对不起，这到底有什么用呢？有做统计的时间，是否不如去干些实际的事呢？节约出来的时间是否浪费在这些总结上了？

尽管我们敬佩惊叹，还是有人提出许许多多讥讽嘲笑的问题。

当然喽，首先在心灵深处一定是在挖苦：谁需要这些总结？说实在的，谁会去看它？不客气地说一句，他要向谁汇报呢？并且还用书面汇报。

**不管怎么说，心灵并没有把做这些总结简单地看成一项自愿的、从实用出发的工作，所以总在探究某种秘密的原因和动机。什么都想到了，就是没有想到是关心自我——似乎是再自然不过的对自己内心世界的关心和兴趣。**是研究自我？真奇怪。他反正是怪人。我们要做到心安理得，最好把他看成怪人：人世间怪人还少吗？

**要点**

- 柳比歇夫随时随地利用“时间的下脚料”：散步时捕捉昆虫，开会时演算习题……英语就是他利用“下脚料”时间学会的。
- 柳比歇夫把一天中有效工作时间定为10个小时，分成3个单位，对应在三类工作任务上。第一类包括写作、研究和例行工作；第二类包括非科研性的活动；第三类则是需要创造力的任务。每项活动占据的时间必须与其重要性相称。

- 年度总结会把一年中做的所有事情统计出来，例如：游泳43次，娱乐65次……清楚地显示出时间的用途，了解自己在一年中能做成多少事情。

# 第八章

# 时间之镜

柳比歇夫的总结公正客观地反映了过去一年的历史。柳比歇夫的方法，以它细密的网眼，抓住了变幻无常的、老想溜掉的日常生活，抓住了我们没有察觉到的、损失掉的、不知去向的时间。

这些总结要用多少时间？这项支出原来也统计过了。每份小结、总结的末尾都注明了它们的代价——多少小时多少分钟。详细的每月小结要耗费1.5到3个小时，统共才这些。再加上制订下个月的计划用1小时。合计是2.5到4个小时，而每个月的预算有300小时。1%，至多2%。因为每月小结是依据每日的记录，而每日的记录只用几分钟，不会更多。仿佛是那么轻巧容易，谁想这样办都可以办到……几乎是习惯成自然了——像给表上弦一样。

年度总结耗费的时间要多一些，十七八个小时，也就是说，要花几天的工夫。

做年度总结，要求进行自我分析、自我研究：效率有什么变化，什么没有完成，为什么……

## 第八章
## 时间之镜

柳比歇夫以他的总结为镜。这面镜子的水银有点儿特别：它照出来的不是人现在的面目，而是他过去的面目，才过去不久的。在一般的镜子面前，人在他自己的目光逼视之下，总要装出一副样子，装成什么样子倒无所谓，主要的是要装。镜子里照出来的，是他希望的那副模样。日记也会歪曲，不能真正反映人的心灵。

**柳比歇夫的总结公正客观地反映了过去一年的历史。柳比歇夫的方法，以它细密的网眼，抓住了变幻无常的、老想溜掉的日常生活，抓住了我们没有察觉到的、损失掉的、不知去向的时间。**

我们的记忆是靠什么？靠事件。我们的生活是拿事件来做标志的。它们仿佛是路标，路标之间却是一片空白……比方说，自从我写柳比歇夫的小说以来，最近这几个月的时光都跑到哪儿去了？伏案写作的时间本身并不多，这些日子都干什么了？我可是干事儿来着，一直忙得很，究竟忙些什么，却记不起来。是瞎忙还是忙的正事——这90天该怎么总结呢？光这几个月倒也罢了……以往，年轻的时候，每逢过年，我总是猛然想起，一年又过去了，我决心要做的，并且也向别人保证了的，又没有做成——一部小说没有写完，诺沃戈罗奇纳没有去成，有些信没有回复，同谁没有见成面，又是什么没有做……拖啊拖，结果是拖无可拖了。

如今我尽量不去回顾。随遇而安吧，干了就算了。债务太多了。

当然，我也不愿意承认我是破产了。最好不去想它。最聪明的办法是对自己的生活别去思考。

用柳比歇夫的榜样来责备自己吗？这还得研究研究。这些个统计和总结会把人变得干巴巴的；唯理主义和时刻表会把机体变成机械，幻想丧失殆尽。我们本来就已经被各种各样的计划压得喘不过气了——什么学习计划、广播节目表、科室计划、休假计划、冰球比赛程序表、出版计划。不管什么事，一切都事先计划得好好的。意外的事情凤毛麟角。奇遇是绝无仅有，连偶然性也绝迹了。至于事故，报纸上一星期只登一次，在最后一版。

把自己的生活逐时逐分地事先计划好，安排得像工厂里的流水线作业——这值不值得？眼前放着一台计算机，不停地计算着你的失误以及你对自己的放纵——这未必愉快！

《驴皮记》[①]是最可怕的一个传说。不，不，人最好别跟

① 巴尔扎克的小说，《驴皮记》的主人公在赌博输得精光之后，从古玩铺主人处得到一张能使他的愿望得以实现的具有魔力的驴皮。这张驴皮随着主人公各种愿望的逐一实现而不断缩小；当驴皮消失的时候，主人公的生命也随之结束。

时间发生直接的、公务以外的关系；不管你多么留神，这个该死的时间是怎么也躲不过去的，连最著名的哲学家面对着它那黑魆魆的吞噬一切的深渊也会张皇失措……

柳比歇夫的方法，推翻它要比理解它容易。何况柳比歇夫并没有把它强加给任何人，并没有推荐给大家使用——它无非是他个人的工具，方便而不起眼，好比眼镜、用惯了的烟斗、手杖……

说不定这个方法是一种无休无止的克制？再不然——谁知道呢——是一场延续多年的论战？同什么论战呢？同一般的生活论战，同颓唐萎靡的愿望、周围一般人那种大手大脚论战，同对几分钟满不在乎的愿望论战。

## 要点

- 柳比歇夫以总结为镜，检查自己的工作效率。

# 第九章

## 时间统计法的胜利

柳比歇夫是依靠他那最最合理的方法一手造就了自己；他创造了他的方法，他通过他的方法证明，如果把一切才能集中用到一个目标上，可以取得多么多的成就。

看了他的总结和日记，部分是看了他的信，一个钢铁般的人出现在我面前：什么都阻挡不了他去完成既定的任务。计划生活的骑士、机器人，献身于他的方法的苦行僧。

1942年，他儿子符赛沃洛德阵亡的噩耗传来，亚历山大·亚历山德罗维奇尽管满腔悲痛，却仍旧一丝不苟地继续工作。

1942年的计划，他是这样规定的：

……

（1）我全年在普尔热瓦尔斯克。

（2）不兼职。

（3）在应用昆虫学方面我本人不准备做很多

> 工作，只限于领导以及研究伊塞克·库尔州的动物志……因此第一类工作总量，计划可达到1937年的水平（该年的效率是创纪录的）。但，第一，由于战事，无法出书；第二，我在基辅的学术文档肯定已全部被毁；第三，以我的年岁说，不能再拖了，必须立即开始完成我一生的主要计划——《理论分类学与自然哲学》。根据以上三个原因，1942年的基本工作方面不拟写成什么学术著作，只有三个不长的学术政治性报告要完成。

计划了，也完成了。1942年是效率极高的年度之一。个人的悲剧仿佛没有波及他的工作精力，在日记、总结和计划中没有留下任何痕迹。

到时候了，到不能再拖、必须立即开始的时候了。他似乎计算过，他还剩下多少时间去完成他一生的大业。

私生活和心境不能妨碍工作。心境及其他的喜怒哀乐自有它们的时间，统统放在“家务”栏里。

我这话说得唐突了。虽然第几研究所的遥控实验室主任——一个30岁的技术科学副博士，他对我说，这并不是唐突，而是强调人所需要的品质。他说，眼泪无助于消弭痛苦，人要控制自己，越快越好；为死者哀恸——这是宗教感情的残余；死者不能复生，哀恸有什么意思？

“殡葬仪式已经过时了，”他说，“您一定会同意，追悼会上那些动感情的讲话只会叫亲属伤心，不会有任何安慰。这办法不合理。现代的人应当是唯理主义者，而我们却对理智感到难为情，总想滥用感情，叫自己温情一些。”

他建议我通过柳比歇夫创造一个现代科学家的理想典型。计划性达到最大限度，不动不必要的感情，善于从周围环境中获取尽可能多的东西，当然，同时要高尚正派……

“……顺便说说，我可以奉告足下，这是理智的结果。意志和理智是两个决定性的因素。如今，必须有钢铁般的意志，和理智配合在一起。只有这样，才能在学术上取得什么成就。唯理主义者老是挨骂。说实在的，为什么要骂？如果一切都出于理智，这有什么不好？理智同道德并不矛盾。恰恰相反。真正的理智历来反对卑鄙和任何下贱的行为。聪明人懂得，归根到底，道德要比不道德有利。”

他的既天真又聪明的议论，流露出他的苦闷，流露出他的一种愿望，想找到一个可以依靠的榜样。他需要一个巴扎洛夫，需要一个合乎理性的理想人物，一个真正的科学家。这个科学家之所以取得成就，是依靠合理安排、合理计划的生活；他的英勇的、道德高尚的行为是出于理智而不是出于感情。

如今，这个理想人物终于出现了：有这么一个人，才不出众，结果达到了完美的境界，成为一位大科学家、一个出色的人。这都是他自己一手造就，是他自己促成了自己的进步……在这方面，柳比歇夫是个再合适不过的人选——**可以说，他是依靠他那最最合理的方法一手造就了自己；他创造了他的方法，他通过他的方法证明，如果把一切才能集中用到一个目标上，可以取得多么多的成就。只要连续多年有系统地、深思熟虑地采用他的方法，可以超过天才。**他的方法似乎使才能提高了。他的方法是远射程的枪炮，是把所有光线集中到一点的凸透镜，是加强器。它是理智的凯歌。

柳比歇夫按照他那尽善尽美的几何学来安排他的生活，不是一年两年的事了。他的漫长的一生，没有重大的偏差，确认了他的方法的胜利。他在他自己身上做了实验，得到成功。他的一生，是按照理智的法则安排的楷模。他学会了保持稳定的工作精力；他生前最后20年，做的工作一点不比他青年时代少。他的方法有益于他的身心……不必去介意那些说什么机械性的责难。对理智也好，对心灵也好，机械性并不可怕。精神要去害怕科学和唯理主义，那多害臊！如果真是这样，那不该让机械性同精神发生冲突，而该让奴性的精神同崇高的精神交战。从知识和思维活动中得到丰富的精神，会摆脱机械性的控制奴役……

由此可见，我本可以向所有那些具有钢铁意志的技术专家，向我的在研究所和设计院工作的朋友们，向一切年轻的副博士和前程似锦的博士们，向一切憧憬着成就以及倾心于科学超人的人，介绍这位了不起的、并非虚构的英雄。他有名有姓有出处，同时又是一个理想人物，取得了最大的有效系数。他所有的数据都一清二楚，创纪录的指标项项俱在。他是一个活生生的人，同时又是人为的产物，是自我创造的结果，令人五体投地。

我的那位朋友其实并不在乎这一切翔实可靠到什么程度，他不大关心我的主人公是否与真实的柳比歇夫一致。与原型有出入是不可避免的。他认为，主要的是要通过这个例子来强调主题思想，所谓完全为主题思想服务，就像果戈理那样……

他这一切，倒是想得相当巧妙，也有说服力，甚至叫我动了心。但活生生的柳比歇夫不让我这样做。我认识的那个柳比歇夫，见过面，谈过话，根据日记的记载，谈过“1小时35分”和“1小时50分”，另外还谈过几次——是这个柳比歇夫不让我这样做……

## 要点

- 柳比歇夫的一生证明了，连续系统地使用时间统计法，可以帮助个人把一切才能集中于一个目标上，取得超越天才的成就。

第十章

# 光亮的背面

他能够叫时间服从他，但不能左右环境。他无非是个凡人，激情、爱、挫折都能叫他分心，连幸福也会影响他的专心致志。

# 其他的事实

实际上，一切经过稍有出入。或者说，我列举的事实都是绝对确凿的，但除了这些事实还有其他的事实。它们破坏了画面，有损于结构的严整，有没有必要去考虑它们呢？文学和艺术不得不挑选事实，有的剔除，有的保留。画家画人的肖像，或画正面或画侧面。人的一半总是隐藏在画面的后边。

书页也是一种平面。我力争做到的，并不是立体，而只是立体感。互相矛盾的事实有损于形象的完美。它们会把铸件成品炸成小碎片；颜料脱离了画，在画布上乱晃荡。

我要是不认识柳比歇夫，一切都会好办些……

儿子的死，他伤心了好多年。他那个时期所有的信札，连篇累牍地回忆他的儿子，丧子之痛溢于言表，那是一种男子汉的有克制的痛苦，但是久久不能平息。他抓住呆板的生活作息制度，好比滑水运动员紧紧抓住汽艇的缆索，一松手，一失去速度，他就会沉到水底。有些时候，他是如此烦恼苦闷，以致只能机械地记日记，机械地做昆虫标本，机械地填写标签。科学失去了意义。他挨受着寂寞孤独的煎熬，没有任何人同意他的见解；他知道他将证明是对的，但要做到这一点，需要很多时间，需要孤零零一个人跋涉，横越一片沙漠，可是力量不够了。

**他能够叫时间服从他，但不能左右环境。他无非是个凡人，激情、爱、挫折都能叫他分心，连幸福也会影响他的专心致志。**

第二次结婚给他带来了盼望已久的家庭的宁静安谧。婚后不久，他写信给他的朋友兼老师：

> ……纯粹是家庭中的融融之乐，使我撇下了我往常的生活小天地。您是我的老朋友，我向您坦白，连我的学术兴趣也陡然低落了。亲爱的朋友，别责怪我，过去我有不少罪孽都得到了您的宽宥，这次仍请您原谅吧。这并不是对科学的背叛，而是一个软弱的人度过了严峻的生活，如今来到了草木繁茂的绿洲，流连忘返……

## 柳比歇夫的自我评价

坦白，即使是对朋友坦白，也需要精神上的力量。人总不能每天做忏悔。柳比歇夫每天能做到的，仅仅是在他的日记中做记录，然后算出他软弱到什么程度，算出他为幸福付出的代价。在自己的面前做到这样坦率，需要巨大的精神力量。他的意志来自何处？他从哪儿汲取力量在一条孤独的道路上走下去？他身上那种在风雨飘摇之中屹立不动的精神是怎么形成的？这历来都很奇怪——唐吉诃德们、圣徒们、苦行僧们是怎么产生的？为什么人没有明显的或者不明显的动机突然变成了革命者，非要走上斗争的艰苦的道路？有客观情况的作用，有环境的影响，可是也有并且常常有本身的基础，有某种注定了的东西，即古时候称之为“命运”的那个东西。

## 第十章

## 光亮的背面

我摘引一段亚历山大·亚历山德罗维奇·柳比歇夫给伊凡·伊凡诺维奇·施马尔高森的信（1954年）：

**简短地回顾过去，以便更好地理解现在**

**（论基因储备）**

……我出于老年人的唠叨，想向您说明我从我祖先父母遗传来的基因储备。

您大概不知道，我的父系祖先当时受过相当“专门”的教育：他们是阿拉克切耶夫伯爵的农奴。但即使这样，他们也没有丧失蓬勃的朝气，买卖做得很顺手（看样子，他们是交田租的农奴）。所以我完全有理由说，我的染色体中有乐观基因，更确切地说，是乐天基因[①]。我的曾祖父在尼古拉一世治下死于霍乱。我的祖父阿历克赛·谢尔盖耶维奇在八九岁时，几天内接连死了母亲、父亲和两个姑母，都是得霍乱死的。但乐天基因的作用太强了，亲人落葬时他竟哭不出来；为了装样子，挤出几滴眼泪，只好用洋葱。后来，他不管说起什么往

---

① 这词出自拉丁文gilarus——快乐的意思。

事，甚至是那些伤心事，他都是笑呵呵的。倒不是他这个人心狠，也不是对人们的痛苦麻木不仁，正相反，他这个人最好了，无非是乐天基因在起作用。

我的爸爸也是个乐天派，从来不垂头丧气，不管环境多恶劣，他所有的熟人对他的乐天都真心地感到奇怪。同我的先人相比，我这个后代当然是退化得相当多了。但就连我，在别人眼里，也是个乐观的人。

我身上另一种基因，多半是从母系遗传来的，可以叫作争论基因或饶舌基因：爱多嘴多舌，爱抬杠。我母亲娘家姓鲍尔土什金[①]。明摆着，我的祖先得到这个姓不是偶然的。我的外祖父德米特里·瓦西里耶维奇极爱抬杠；他每次坐火车，总要特地找那些爱争论的人坐在一起——不同他抬杠的人不称他的心。

我从先人那里无疑还继承了流浪基因[②]，甚至是冒险基因，这是不足为怪的，因为我的父母都是诺

① 意为多嘴多舌。

② 这个词出自希腊文nomados——游牧的意思。

夫哥罗德省诺夫哥罗德县的人。大家知道，诺夫哥罗德人都是地道的流浪汉……

……为了证实这个流浪基因，我可以援引以下材料：（1）我的外祖父德米特里·瓦西里耶维奇年轻时曾逃到米塔瓦去上学，但又被骗回了老家；（2）我的舅舅瓦西里·德米特里耶维奇在1877年俄土战争前夕志愿从军，参加了契尔尼亚夫斯克支队；（3）我的祖父阿历克赛·谢尔盖耶维奇酷爱出门漫游。因为当时还没有旅游业，所以他总是漫游圣地，曾先后两次到耶路撒冷。

不管是我还是我的妻子（她的母亲，娘家也姓柳比歇夫），都一点也不留恋我们的故乡列宁格勒。我们和大多数染色体中没有流浪基因的列宁格勒人不同，并不想在那里定居。

应当说，我的祖先身上还有反教条基因。我上面提到的外祖父德米特里·瓦西里耶维奇，在相当大的程度上是个伏尔泰主义者；他阅读过达尔文和鲍克耳[①]的著作，是个颇富于自由思想的人……我永

① 鲍克耳（1821—1862），英国历史学家、社会学家、哲学家。

志不忘的父亲，也不是个教条主义者。他是个虔诚的正教徒，但绝没有宗教的狂热和偏见。按照萨尔蒂阔夫·谢德林的说法，他的信教不是因为怕鬼，而是因为爱上帝。他的上帝和高尔基外祖母的上帝一样，是善和爱的神。每逢过节，他照例上教堂做礼拜，由衷地感受到正教仪式的美。但一碰到机会，例如在国外，他又去天主教和新教的教堂。每次途经华沙，他又必定要到犹太教堂去听唱圣诗。我的父亲没有上过多少学，在村子里读的书，过去所谓的“读私塾”，职业是商人。似乎可以料想到我们家一定是个古板的旧式家庭。没那回事！我很小就同我父亲争论政治问题，争得热火朝天（父亲的政治观点很温和，因为他不希望发生革命），然而我从来没有听他说过：“闭上嘴，我大你小！”他在争论中总是把我当作平辈。

我可以说，我大概从父系方面还继承了捞基因。我的高祖父阿尔捷米·彼得罗维奇（这是我所知道的第一代祖先）当初姓札格鲁宾[1]，这个姓纯

① 意为捞一把。

粹是个富农的姓。我上面说过，他虽然是个农奴，却做着买卖。可是，在我们一族，捞一把的兴趣，表现方式各不相同。我父亲，表现在物质上（他是实业家，进取精神肯定不亚于美国人）；在精神上无疑也有所表现：他从小努力自学，对学问十分热衷，至死不变。他是在伟大的卫国战争中去世的，终年86岁。我在物质上捞一把的兴趣低落了。我的父亲当初因此很伤心。有少数几个人很赏识我的办事能力，他便是其中的一个。他有时候叹着气说："唉，要是萨沙[①]能帮我忙就好了，我们能把半个诺夫哥罗德省都买过来。"我选择了科学事业，他是不同意的，但只是在这些个唉声叹气中流露出来。他非但没有阻挠我的事业，还千方百计帮助我。革命后，他自然用不着为我做出的选择遗憾了。精神上捞一把的兴趣，我是全部继承过来了，我努力获取各种各样的、越来越广泛的知识，始终乐而不倦。

最后，我的基因储备中肯定还有好心肠基因。

① 柳比歇夫的小名。

我姓柳比歇夫，也可以说明这一点[①]。最早姓这个姓的，大概是我的曾祖父谢尔盖·阿尔捷米耶维奇。他跟人打招呼，老爱说“好心肠的老兄”，由此产生了我们的姓。我的父亲心地特别善良，总是把别人看得很好，比他们本来的面目要好，非要到铁证如山，无可怀疑了，他才会相信人家议论那些人的坏话。

这便是我的谱系。您可以看出，我的品质得于我的先人，首先是我永志不忘的父亲，但看来也有许多得于我的外祖父德米特里·瓦西里耶维奇。从小他就特别喜欢我，虽然总的说来他是不特别宠孩子的。

柳比歇夫的自我评价，说明了他在精神方面的标准。说不定，这是他这个人身上最重要的东西。因为每当科学与精神品质发生冲突，我首先关心的是精神品质。不仅仅是我这样。似乎在大多数人的心目中，伊凡·彼得罗维奇·巴甫洛夫、德米特里·伊凡诺维奇·门捷列夫、尼尔斯·玻尔[②]的精

① 柳比歇夫这个姓氏的原意为好心肠。
② 玻尔（1885—1962），现代丹麦物理学家。

神面貌，比他们的学术成就的细节更为重要。就算这种比较是虚拟假设的吧——我为了强调我的想法，不怕做出任何虚拟假设。一个科学家，他在学术上声誉越高，他的精神品质水平也越叫人感兴趣。

## 生活的内容并不是苦难，而是成果

伊戈尔·库尔恰托夫和罗伯特·奥本海默[1]的学术工作大概是可以相提并论的。但人们总是倾心于库尔恰托夫的崇高功勋，而对奥本海默灾难深重的悲剧却是沉思默想，思绪万千。人的精华中，最值得称道、最牢固的，是精神价值。一年年过去，学生们没有一点遗憾，若无其事地换了导师、师傅、老师，换了头头，换了心爱的画家和作家。但是，谁要是有福气遇见一个纯洁的、精神世界很美的人，你恨不得把心都掏给他，这样一个人——谁要是遇见了这样一个人，就没有什么可换了。因为人不可能长进得超过善良或真诚。

① 库尔恰托夫（1902—1960），苏联物理学家，“原子弹之父”。奥本海默（1904—1967），美国物理学家，“原子弹之父”。

# 第十章
## 光亮的背面

柳比歇夫的信札中，不时出现自我评价。他评论自己，都是为了比较。这些自我评价，展示了柳比歇夫及其师友的精神面貌。

医学科学院通讯院士巴维尔·格利戈里耶维奇·斯维特洛夫，是柳比歇夫的一个朋友，曾研究著名生物学家弗拉基米尔·尼古拉耶维奇·贝克列米舍夫的生平。为这件事，柳比歇夫曾写信给斯维特洛夫：

> ……你漏掉了一个特点，那是极其重要的一个特点：弗拉基米尔·尼古拉耶维奇出奇地委婉、沉着镇静……因为我在这方面恰恰做得最差，所以我老是向弗拉基米尔·尼古拉耶维奇学习他的这个优点。我这人很刻薄，我的批评常常刺伤了别人，甚至是我亲近的人。诚然，这并没有损害真正的友谊，并且被批评的人常常变成了我的朋友，但往往是流了很多的眼泪。
>
> ……弗拉基米尔·尼古拉耶维奇精通拉丁文（希腊文好像很糟糕），休息时喜欢看古罗马作家

的作品，虽然我记得他也看希罗多德[①]的东西，不过好像看的不是原文。这是他作为休闲干的事，同他的学术工作没有关系……我记得我同他谈过但丁。他是个最热忱的但丁派（如果可以这么说的话）。他认为世人对但丁赏识不够。我承认但丁的诗篇确实很美，但并没有感觉到他的世界观的崇高。相反，但丁有许多地方叫我十分气愤。拿他的地狱篇来说，其中素负盛名的开场白（全凭记忆；是否准确，没有把握）：

Per me si va nella citta dolente,
Per me si va nell' eterno doloer,
Per me si va tra la perduta gente.
Giustizia mosse il mio alto fattore,
Fecemi la divina potestate,
La somma sapienza e il prima amore.
Dinanzi a me non fur cose create,
Se non eteme； ed io eterno duro.

① 希罗多德（约公元前480年—约公元前425年），古希腊历史学家。

## 第十章
## 光亮的背面

Lasciate ogni speranza voi ch' entrate……[①]

或在另一处：

Chi e piu scelleranto' chi colui

Chi a giustizia divin compassion porta……

……这两行的意思是：谁要是怜悯被上帝判了罪的人，那就是最大的恶棍，还有谁比这种人更坏呢？这两行的上文是这样的：但丁在地狱里遇见了他的一个政敌，他请求但丁想个什么法子减轻他的苦楚。但丁答应了，但事到临头他又改变了主意，食言了，并且幸灾乐祸地嘲笑他敌人的痛苦……这还不如那种冷酷无情的多米尼克主义[②]，比起对朋友和亲人铁面无情，这还要恶劣得多……他的全本

---

① 从我，是进入悲惨之城的道路；从我，是进入永恒的痛苦的道路；从我，是走进永劫的人群的道路。正义感动了我的至高的造物主；神圣的权力，至尊的智慧以及本初的爱把我造成。在我之前，没有创造的东西，只有永恒的事物；而我永存；你们走进这里的，把一切希望都捐弃吧。——作者注。中译文引自朱维基译《神曲·地狱篇》，上海文艺出版社1959年版，第19页。

② 13世纪初，罗马教皇建立了名叫多米尼克派的僧团，主持宗教裁判所，竭力镇压反天主教、反封建制度的起义。

《神曲》绝不是神的，完完全全是尘世凡俗的……这两行以及其他许多地方，从宗教的眼光来看，首先是从基督教的观点来看，是不可理解的。而在弗拉基米尔·尼古拉耶维奇的心目中，但丁不仅仅是个杰出的诗人（这我不否认），并且还是个有先见之明的智者，他的“慧眼”看到了凡夫俗子的肉眼看不到的东西。这样的分歧，在我与许多我这样的人之间显然也是存在着的。那些人不仅把莎士比亚看成是杰出的戏剧家，不仅把普希金看成是杰出的诗人，并且还把他们看成是人类思想的领袖，这是我决不能苟同的。苏格拉底、柏拉图和亚里士多德等人的弟子在古希腊悲剧中已经达到的道德高度，在但丁的作品里可是完全消失了。就这样，在但丁的问题上，我同弗拉基米尔·尼古拉耶维奇的看法没有取得一致。

……弗拉基米尔·尼古拉耶维奇把他的兴趣做了那样的分类，我以为是种乐观的做法。除此之外，他对蚊子的研究使他得到很大的精神享受，因为这项研究对人民有直接的好处。至于说到有许多计划没有完成，那么我认为，任何一个涉猎面很广的人，计划都是太多了，不可能都完成。

……如果我的刻薄再加上偏执，便会招致许多冤家对头。我的优点是在论战中从来不抱着个人的目的。至于弗拉基米尔·尼古拉耶维奇，他善于把同样严厉的批评表达得非常婉转。我的性情自然比弗拉基米尔·尼古拉耶维奇快活，爱胡闹，爱装傻。我小时候从不打架，也不爱打架，总的看来，外表很文静。但斗智我是喜欢的，而且在斗智中我像拳击运动员一样：我有权打人家，同时感觉不到人家打我。这办法没有一点坏处，我没有结冤家；我在许多国家住过，同各种各样的人都处得很好。

……有一点我比弗拉基米尔·尼古拉耶维奇强，他也是承认了的，用他的话说，我身上有很大的空想的勇气，具有巴扎洛夫那种真正的虚无主义，也就是说，不承认有什么东西可以不受理智的批判……弗拉基米尔·尼古拉耶维奇有一套他认为绝对正确的条条框框，所以他要比我偏执。不过，他的偏执从来不流露出来。我们已经忘了偏执的真正含义，结果，任何一种批评（批评也就是捍卫个人可以有自己的见解的权利），我们都把它看成是企图把自己的见解“强加”于人，也就是说，把批评看成了偏执。但是，我们唯一能够使用的力量，是理智的力量，而理智的力量不是暴力……克鲁泡特金有句话说得很出色，我记得很清楚。他说：“人比机关好。”这句话，他是针对沙皇保卫机关的人说的。我可以补充一句：人比信仰好。

出于许多原因，部分是我自身的原因，部分是外界的，我从1925年开始搜集昆虫（主要是地蚤）。就在这个时间前后，我开始在彼尔姆大学教农业害虫方面的课。

美国人布利斯，我同他一起出过差，到过乌克兰，到过高加索。我穿衣服，向来不在乎旁人的看法，穿得很寒酸。关于这个问题，布利斯对我说：“您的衣着举止不拘小节，独行其是，我很佩服，但遗憾的是，我没有勇气学您的样。”这样的恭维话，出自一位地道的聪明人之口，抵消了庸人们成千上万次的白眼……照我看，一个学者的衣着最好保持最低水准，过得去就行。因为：（1）有些人，把穿一套好衣服当作真正的乐趣，何必要同这些人比赛竞争呢？（2）穿朴素的衣服，行动方便自如；

（3）稍有些故作“癫狂”并不坏：小市民会对你有些讥讽嘲笑，这是一种有益的心理上的锻炼，能让你培养我行我素的精神……

你们可以看出，我在这里摘引的句子段落，是经过选择的，能说明柳比歇夫的性格，说明他和他那一班人的文化修养。

他们能够争论但丁的短长，读他的原著，背诵他的原文。他们能够凭记忆援引蒂托·李维[1]、塞涅卡、柏拉图的话。是因为受过古典教育吗？可是他们也熟悉雨果和歌德，俄罗斯文学更不在话下。

① 蒂托·李维（公元前59年—公元17年），古罗马著名历史学家。

## 向自己提问题

他的信会让人误认为他是搞文学研究的，并且还是个专家。柳比歇夫的文档中保存着他写的几篇论文，论列斯柯夫、果戈理、陀思妥耶夫斯基，论罗曼·罗兰的《革命的戏剧》。

说不定文学是他的嗜好？没那回事！它是一种自然的需要，是一种无所企求的爱。他并没有企图搞文学研究。这是另外一种什么东西——这种禀赋如今是被遗忘了：他不能光是欣赏艺术；凡是读过的、看到的、听见的，他都必定要去设法领悟。他仿佛是要把这一切都消化了，以充实他的人生观。不管是但丁还是列斯柯夫，他对他们的作品领悟得越充分，从中得到的享受也越多。

他在某一封信中引证了席勒的作品，成段成段地摘引

《玛利·斯图亚特》和《奥尔良的姑娘》。引着引着，结果整场整场的戏都引上了——觉察得出柳比歇夫是忘乎所以了，抄啊抄啊，由于有机会复述他心爱的独白而自得其乐。总的情况也是如此……

这些人的文化修养、广度和深度都比得上文艺复兴时代的意大利人和法国的百科全书派。当时，科学家同时是思想家。科学家善于使本学科与整个文化之间保持和谐一致。科学与思想携手并进。如今，这种友好合作关系被破坏了。现代的科学家认为必须做到的是——知道。他下意识地感觉到专业化的危险，想求助于他惯用的办法——知道，以此来恢复均势。他以为文化是可以“知道”的。他“注视”着新东西，读书、看电影、听音乐。表面上看，他仿佛是惟妙惟肖地复制了一切必要的动作和行为，然而并没有心领神会。艺术的精神方面，他并没有感受到，没有领悟。他“知道”，他“熟悉”，他“了解”，他“通晓”，但是这一切几乎不能称为文化修养。

“我们的任务可是研究具体的东西。”我的那位技术专家说。

他陶醉于他的电子学的威力，陶醉于他的超微型电子管及其神奇的性能——他的电子管能给人类提供更大的单位功率。

“对于一般性的问题不一定要去思考，这不属于我们的职责，而且谁用得着呢……不过，”他愁眉苦脸了，“把这一切问题都思索一番倒也好……可是哪儿有时间呢？我不知道他们是怎么搞的。当然，如果有条件的话，如果能坐在书斋里……”

柳比歇夫也好，贝克列米舍夫也好，都不是在书斋里讨生活的学者，他们谁也没有特别优越的生活条件，谁也不是与世隔绝，不闻不问战前和战争年代的忧虑、风雨和苦难。现实生活并没有放过他们，他们同样遭受过不幸，吃过苦头。然而，你看他们的信，便可以明白，他们生活的内容并不是苦难，而是成果。

柳比歇夫在苏联植物保护研究所工作的时候，不得不兼课，兼任其他单位的顾问。需要帮助妻子，需要养活一大家子人：

……我原来想着除了应用昆虫学以外，还要研究分类昆虫学和一般生物学问题……但没有做多少。不得不花很多时间去跑商店，去排队买煤油和其他东西。妻子也有工作，很困难。我数学搞得相

> 当多，乘电车、坐火车，都在钻研，甚至在开会的时候演算习题。有一段时间，人家对我侧目而视，但到后来他们发现，我演算习题并没有耽误听别人的发言；我是通过我在会议中间的插话证明了的。所以他们也就睁一只眼闭一只眼了。出门途中，我也看很多哲学书，例如康德的三卷《批判》，我都是在路上看的。在哲学问题上，我记得我写过一篇（唯一的一篇）相当长的论文，约有一百张练习簿纸，分析康德的《纯理性批判》。这部手稿在基辅丢失了……

人民的生活便是他的生活；人民生活中五光十色的侧影同样反映在他的生活中。叫人奇怪的，倒不是他在那样的条件下能挤出时间来研究康德，而主要是他光看书还不够。他的渴望求知的天性必定要这样那样地去消化品味，按照他的需要去吸收。他看了康德的作品，便写了一篇论文，分析康德的主要著作，批判地选择他合意的东西。他需要找到他自己的东西。

一般人的意见也罢，公认的权威也罢，对他都不起作用。在他看来，某种思想是否有权威，并不取决于拥护这种思想的人有多少。

他认为他是虚无主义者，屠格涅夫所说的那种虚无主义者。屠格涅夫说：

“虚无主义者是这样一种人，他不膜拜任何一个权威，他不信仰任何一个原则，不管这个原则多么受到人们的尊重。”就柳比歇夫而论，只需要再补充一点：他的虚无主义是创造者的虚无主义。在他，重要的并不是推翻什么，而是代替；不是驳倒什么，而是信服……

**他的头脑深处，有什么东西在那里翻腾。某些地方，其他任何人都见不到有真理存在，他却在那里孜孜不倦地探求真理；而在另一些地方，已经确立了不可动摇的真理，他却在那里探求怀疑。**

他身上有一种向自己提出问题的需求，这些问题，人们是早就放弃了的。自然界的实质、进化的实质、合理性等——这是一种不合时宜的、迂腐的需求。

他的可贵，在于他努力做出回答，不怕有错误。他喜欢把学校教学大纲中载入的标准答案撇到一边。

他这个人虽然极其特别，但不是独一无二的。尤里·弗拉基米罗维奇·林尼克、伊戈尔·叶夫根尼耶维奇·塔姆、巴维尔·格利戈里耶维奇·斯维特洛夫、弗拉基米尔·亚历山德罗维奇·恩格尔哈德等人，柳比歇夫同他们的来往书信，反映出彼此高度的文化修养和崇高的情操，令人赏心悦目。看了这些信，禁不住又羡慕又难过——随着这一代人的逝去，本世纪初和十月革命时代的俄罗斯文化即将成为明日黄花、过眼烟云。

## 要点

- 柳比歇夫在精神方面对自己的要求和在研究上一样严格，他不断对自己提问，追求真理。
- 柳比歇夫没有特别优越的生活条件，经历过战争年代，但他把一切苦难化为成果。

第十一章

# 井井有条的生活

无数的日期、姓名、事件，亚历山大·亚历山德罗维奇·柳比歇夫应用起来简直得心应手，这是因为他把这些材料都按一种巧妙的体系分别铭刻在头脑之中。至少可以这么认为，当需要的时候，即使不能“记忆如泉涌”，他也能像从书架上抽出一本需要的手册一样，在脑中找到这些材料。

## 分门别类的爱好

列宁格勒大学[①]保存着德米特里・伊凡诺维奇・门捷列夫的故居。故居纪念馆是有点特殊的。参观这种纪念馆，也应同参观普通的纪念馆有所区别，不能只是走上一圈，应该沉浸在其中。在故居纪念馆，你感觉不到岁月的流逝。在这里，一切都未加变动。我喜欢这种纪念馆，因为它们保存了旧日的真实图景。这里一切照旧，不是复制品，而是遗物。大学的庭园、前厅的喧嚣声、窗下的灌木、拱顶和家具——一切景物依然如旧。

故居纪念馆中存放的似乎都是些陈旧和没有生命的东西，实际上，纪念馆重新赋予这些古老的东西以生命，保存了它们的生命。对一个纪念馆来说，死亡并不是终点，而是存在

① 1991年改名为圣彼得堡国立大学。

的开端。普希金、契诃夫、涅克拉索夫的故居都具有难以解释的感召力，似乎主人们的精神继续活在这些屋子里。每一个人在自己内心都有一所纪念馆；每一个人都有保存自己良心和感受的地方，都有自己的回忆录，都有自己珍爱的地方。更确切地说，是这些地方的形象，因为这些地方本身说不定早就无影无踪，或者完全变样了。

我认为城市博物馆不仅应当保存伟大人物的故居，而且应当保存一般人的寓所。我希望能把艰难的20世纪30年代和40年代的公共寓所，包括寓所中的公用厨房，一起保存下来。厨房里塞满了一张张小桌子，小桌子上摆着煤油炉子，煤油炉子旁边放着通煤油炉子火眼的细针和夹着细针的洋铁条。我希望打扫公共场所的值日表仍旧挂在那里，一捆捆码好的劈柴仍旧堆在前廊、过道和房间里，堆在炉子波纹状的铁支架后面……

我们曾经这样生活来着。我们的父母也曾经这样生活来着。

……门捷列夫书房里的一切，都同主人生前一模一样：书桌、书架、书橱、沙发和长长的目录卡片抽屉。正是这些目录卡片抽屉最先引起我的兴趣。目录卡片是门捷列夫亲手填写的。他收藏的杂志上的文章、书籍和小册子的名称都登记得整整齐齐，每一张卡片上都标了书号。目录卡片还有索引。编目的分门别类和整个体系，都是门捷列夫设计，并由他亲自动手制作的。他的藏书共计有16000种。从形形色色的杂志中，门捷列夫把需要的文章另行分类，装订成册。要这样分类，必须有一个原则，有一个分门别类的体系。大家都知道，书籍，特别是杂志上的单篇文章，如果不编入系统的图书目录，往往就会湮没在浩瀚的藏书之中。

在那个年代，科技书籍已不容易寻觅了。门捷列夫填写了成千上万张目录卡片，一沓沓装订好，用不同颜色的墨水标上记号——我认为，他做这项工程浩大的工作是出自他的需要，出自工作的需要。在需要的情况下，人什么都能学得会。没鞋穿，就能用树皮编成鞋。不管门捷列夫愿意不愿意，他不得不挤出时间来做这项例行的公事。

后来，人们又给我看了另外一些抽屉。他做的这些卡片目录还附有另一种小卡片和记录本，上面记载着这一套卡片目录的索引。在这些抽屉里的卡片上，门捷列夫登记了他收藏的石印的、手绘的和复制的图片。这些卡片似乎没有直接的用途，然而他还是填写了几千个名称；照例都是系统地加以分门别类的。

我看了门捷列夫粘贴每次旅行带回来的照片的纪念册。

实际上，这是些带有汇报性质的纪念册。纪念他美国之行的那本册子里，粘贴了宴会的请帖、菜单、一些纸制纪念章和明信片。门捷列夫自己洗印照片，自己粘贴，并注上说明。他也收藏书信。他把全部的信件按某种体系装订起来；他又按另一种体系记事，做日志和记载日用账目。日复一日地记，每一笔花销都记，哪怕是几个戈比也记。我如果只看见这些账本的复制品的话，即使是门捷列夫档案库公布的，我也会断言，这不是胡闹，便是吝啬和怪癖——简言之，这不过是一位伟大人物的一个弱点罢了。

但摆在我面前的是实物，这些实物有着魔术般的特性——从中可以追溯和了解某些东西……

纸张、笔迹、墨水继续散发出书写人手上的热气，透露出他的情绪。我感觉到，当笔尖滑过纸张时，他毫无不耐烦和索然无味的心情，他专心致志地，甚至还带着点欣喜的心情在写。

我情不自禁地回忆起柳比歇夫的一段自白：

……我像是果戈理笔下的阿卡基·阿卡基耶维奇，他在抄抄写写中找到乐趣……我在学术工作中也很愿意发现新的事实，做纯技术性的工作等……

显而易见，门捷列夫也把这类事务性的工作看成是休息，是享受。从柳比歇夫身上就可以看到，分门别类的爱好可以体现在一切嗜癖之中，而门捷列夫的这些卡片目录和账本，也完全不是什么弱点。凡是他所碰到的东西，他都想加以分门别类，把它们相同和相异的程度确定下来。事务性的，甚至技术性的工作，通常被人们误认为是毫不相干的古怪行径和毫无价值的浪费时间，实际上却有助于创造性的工作。很多科学家认为事务性的工作并不是分散精力，而是有利于创造的一项条件。这种看法是有道理的。

我独自一人坐在门捷列夫的书房里沉思着一件事：当然，电脑把人们从事务性工作中解放了出来，然而与此同时，电脑又剥夺了人们从事事务性工作的机会。看来，这项工作还是需要的，将来人们会争先恐后地去抢着做这项工作；我们只有在失去了它之后，才能发现这一点……

## 整理和组织材料的过程本身，就是一种享受

在我周围都是些老式家具——笨重、坚固，制作得非常耐用，就是用上几代也用不坏。物件是有记忆力的。至少那些不用机器制造，而由工匠用双手做出来的、历尽人间沧桑的古老家具是有记忆力的。在童年时代，本能尚未衰退，我清楚地感觉到物件的这种生命力。

记得童年时代对于家具，透过它们表面上的漆和色彩，感觉到在木纹深处隐藏着一棵活生生的，似乎有肌肉的树。门捷列夫在这里，在这些书和物件中消磨的大量时光，似乎使我有所领悟。

对分类工作的热忱，好比是他智慧的光学仪器，通过这个仪器，他能洞察世界。他天赋才能中的这一特性帮助他发现了周期律，找到了大自然中的元素周期表。他的发现的实

质，符合他的全部天性、他的习惯和他的爱好。

对一位科学家来说，整理和组织材料的过程本身，就是一种享受。即使这一工作没有什么重大的意义，例如做复制品的卡片目录，但从事这一工作时，感到很愉快。这种快感，实际上就是意义本身。

这种为科学家和分类学家所独具的想法，在柳比歇夫身上也可以找到。每个科学家在某种程度上都有一种特性，那就是要把混乱的东西归纳成体系，发现其内在的联系，总结其规律性。但对柳比歇夫来说，分类则是他主要的学术研究。分类同太阳系、元素周期表、平衡系统、植物分类、血液循环系统都有关系：无处不存在着体系，他到处都能发现体系。

搞分类学是他的使命；分类学能引申出哲学、历史；分类学是他的武器。

他想成为林耐[①]那样的人……

他想发现蕴藏在大自然中的那些未被发现的、日益深奥的体系……

他在自己1918年的札记中建立了一个又一个的体系，甚至建立了令人发笑的体系——他的傻劲有时是有用的，有时是有

① 林耐（1707—1778），瑞典自然科学家，创立动植物界人为分类法。

害的，有时是进步的，不一而足。他写到大学章程的缺点，就立刻要求建立一个体系，规定章程的体系。

他用各种各样的体系把日常生活安排得井井有条：他有保管资料的体系、通信的体系、保存照片的体系等。

无数的日期、姓名、事件，亚历山大·亚历山德罗维奇·柳比歇夫应用起来简直得心应手，这是因为他把这些材料都按一种巧妙的体系分别铭刻在头脑之中。至少可以这么认为，当需要的时候，即使不能“记忆如泉涌”，他也能像从书架上抽出一本需要的手册一样，在脑中找到这些材料。

他是首先在生物分类学中应用鉴别分析的人中的一个。他用数学来加强分类学——我想说，他视分类学为至宝。生物学体系，或者说生物学中的体系，能引起他纯美学上的欢乐；同时，分类学不可企及的复杂性和大自然的完美性又使他感到畏怯和悲哀。

同一类昆虫的构造中有着惊人的多样性，这既不会妨碍他，又不会使他撒手不干，只能引起他的惊诧，这种惊诧往往引导科学家们去发现。他幻想弄清生物真正的类目，可也懂得这一任务是一眼望不到边的。

“看来，多数人认为，很多部类——例如飞禽类、哺乳类、高等植物——的分类，基本上是结束了。但这方面可以回想一下伟大的卡·冯·伯尔[1]的话：‘科学的永恒性就在坚持不懈的寻求之中，科学就其容量而言，是永不枯竭的，就其目标而言，是永远不可企及的。’……”

我过去同很多人一样，对于昆虫分类学抱着一种极其轻视的态度。它不能被称为科学，至多是一种嗜癖而已。一个成年男子犯得上去捕捉蝴蝶和形形色色的虫子吗？这能算一件工作吗？什么样的虫子用大头针别在什么样的虫子旁边……古怪透顶，除非是儒勒·凡尔纳[2]的主人公们才会因此而增添几分光彩。

再说，今天分类学已成为一门使用数学和电脑的复杂学科。分类学日益广泛地使用分类理论、数理逻辑和形形色色的数学分析。

昆虫学、小甲虫、分类学……用大头针钉住的张着翅膀的蝴蝶标本、蝴蝶、捕蝶网——这些玩意儿都可以说是轻佻的象征。可就有一些科学家，他们成年累月地研究蝴蝶翅膀上的花纹。乍看起来，哪儿也找不到像这样脱离生活的、毫无用处的、不属于这个世界的抽象科学了。然而，亚历山大·亚历山德罗维奇·柳比歇夫的朋友，列宁格勒的科学家鲍里斯·尼古

① 卡·冯·伯尔（1792—1876），俄国博物学家。
② 儒勒·凡尔纳（1828—1905），法国科学幻想小说作家。

## 第十一章

## 井井有条的生活

拉耶维奇·施万维奇对照这些花纹，思考图案的比例、色彩的配合，从中获得了大量对形态学和进化论问题有用的材料。花纹对他来说，已变成文字。完全可以阅读这些花纹。大自然就是这样来安排的：在最不起眼的瓢虫身上，蕴藏着放之四海而皆准的普遍规律。就是这些花纹，也不仅仅是花纹，它们是普遍美的一部分，这种美至今还是一个谜。我们用什么来解释贝壳、鱼类的美，花朵的芳香和优雅的形态？这种完美和惊人的色调又是为了谁？大自然究竟怎么把从审美观点来说简直毫无瑕疵的花纹画到了蝴蝶的翅膀上？

## 热爱自己的事业

在我们的时代，决心献身于一种旁人看来极不严肃的工作，是需要有一定的勇气的。需要勇气和热爱。当然，每一个真正的科学家总是热爱自己那一门科学的。特别是当科学研究的对象本身是很美的时候。不过，除了星星、蝴蝶、云彩、矿物而外，还有美的东西，不过这种美，除了专家，谁也看不见。这大部分是抽象的东西，如数学、力学、光学。

有些人完全能从不寻常的角度来观察自己研究的对象。例如，知名的细胞学家弗拉基米尔·雅可夫列维奇·亚历山大罗夫曾兴高采烈地向我描述细胞的举止行动。他告诉我，细胞无疑是有灵魂的。柳比歇夫当然深信，最高尚的科学是昆虫学。昆虫学使人保留童年时代的优秀品质：天真、纯朴和容易对事物表现出诧异。首先，他根据亲身体验感到了这一点。实际上，也正是这样。一个上了年纪的、仪表端庄的人，突然无视身旁的行人，跨过水洼去追一个甲壳虫，一个人要做到这一点，必须有婴儿般的纯洁和不顾一切的品质。他说，人们把昆虫学家们看成是傻瓜，这有时反而是一件好事，因为这样，昆虫学家们就可以毫无危险地闯入最富“掠夺性”的地点，反正人们会把他们当作无害的怪物加以嘲笑的。

他们实际上也确实是怪物。他们之中有些人真是爱上了自己的昆虫。卡尔·林德曼[①]说，他爱三种生物：步行虫、女人和蜥蜴。他捉住蜥蜴后，吻一吻它们的头，又放走了。柳比歇夫打趣道：“看来，他对女人大致也是如此。”

在奥赫金公墓的施万维奇的墓碑上，雕刻着他心爱的蝴蝶翅膀上的花纹。

查尔斯·达尔文也是作为一个昆虫学家开始自己的事业的。他回忆道：

“……在剑桥大学时，对哪一项工作，我都没有像收集小甲虫那样热心，哪一项工作也没有像收集小甲虫那样使我满心喜悦……任何一个诗人在读到自己初次出版的长诗时所感到的喜悦，都不及我看到斯蒂芬斯出版社出版的《大不列颠昆虫

① 林德曼（1844—1928），俄国科学家、农业和林业昆虫学创始人之一。

画册》上‘查尔斯·达尔文先生收集’这几个具有魔力的字时所感到的那种狂喜……”

柳比歇夫对昆虫学的偏爱竟使他丧失了他固有的宽容大度、公正不阿，甚至幽默感。他不能宽恕亚历山大·谢尔盖耶维奇·普希金，因为普希金就蝗虫问题向伏伦卓夫[①]写了那份言语恶毒的报告。他进行了论证，说普希金改变自己对伏伦卓夫的态度，就是由于那次有关蝗虫问题的“嘲弄性”的出差所引起的委屈情绪。在那以后，伏伦卓夫在普希金眼里就成为“一半无知和一半无耻”的人了。

蝗虫飞呀飞，
飞来就停下；
停在那里吃庄稼，
吃饱肚子又飞光。

“我很清楚，”柳比歇夫写道，“普希金的报告，用语是很恶毒的。我并未看出那次出差有什么嘲弄的意味。据我所知，普希金是一个负有特殊使命的官员。当时并无昆虫学

① 伏伦卓夫（1782—1856），俄国陆军元帅，普希金曾在他手下做过事。

专家，因此派遣一位有聪明才智的人去，是完全合适的。何况他在那儿也并没有遭遇任何危险，还可以在那里体验一下当地人民的生活……而且在对敖德萨淑女们，包括伏伦卓夫夫人在内，献够了殷勤之后，正可以在那里稍事休息。无疑，向淑女们献殷勤所费的时间和精力肯定比调查虫害要多得多。”

**柳比歇夫深信，由于自己从事的是一项无比美好的事业，因此才有他如此良好的健康状况和旺盛的工作能力。**对昆虫进行研究也是他生活方法的一个内容，既增添了体力劳动，同时也增添了这项事务性工作的兴味。

尽管为了昆虫学、分类学、土甲虫要同新达尔文主义者花费不少唇舌，但这项工作是远远避开令人焦灼不安的紧急科研任务的避难所，是可爱的学院式的避难所，是最不得罪人的工作……还有什么工作能比这项工作更使人安宁和不受骚扰呢?

**要点**

- 柳比歇夫通过日期、姓名、事件的标签，把资料、照片等种种材料合理地保存在头脑中。在需要的时候，能像从书架上抽出一本书那样，从脑中找到对应的材料。

## 第十二章

# 一切皆有代价

有一次，一位年轻的科学家表示非常欣羡柳比歇夫那种从容不迫、顺利安适的生活。柳比歇夫以其一贯的作风，把自己所有的倒霉事儿开列了一张清单作为对他的回答。

# 说真话的人

20世纪30年代，柳比歇夫在苏联植物保护研究所工作。研究所当时设在列宁格勒卡缅诺耶岛的叶拉庚宫。

柳比歇夫那时正在研究害虫的经济价值。当柳比歇夫从数学的角度考察这个问题时，得出了一个颇使大家震惊的结论——他认为害虫的害处被人们大大夸大了。实际上，害虫的危害性要比当时公认的低得多。他到波尔塔瓦地区去，在受草地螟蛾虫害的地方进行调查。大田看起来很不正常：看不见甜菜，到处长着滨藜。拨开滨藜丛，柳比歇夫发现了受滨藜影响的甜菜，嫩芽完全无恙。他开始明白，螟蛾与此事毫无关系。农庄领导人分辩说，螟蛾来过，肯定是它们把甜菜吃光了，后来在田里喷了杀虫药，才挽救了作物。柳比歇夫无法反驳，因为螟蛾已经无影无踪了。到了第二天，他偶然看到一块种着甜菜的宅边自留地。眼前美好的情景使他大为惊诧：作物长势茁壮，没有一点受害的迹象。这下一切都弄明白了。事情非常简单：主人精心管理了自己宅边的自留地。最后，农庄主席和农艺师不得不承认，农庄庄员不肯到大田去出工，任凭甜菜自生自灭，螟蛾确实与此事毫无关系。

北乌克兰的调查使柳比歇夫明白，在其他地区，螟蛾实际上也不曾带来危害。北高加索一有虫害的苗头，柳比歇夫就赶到那儿去，并仔细观察区领导人所提到的那些田地。可是哪儿也没有发现虫害留下的严重后果。说得温和一点的话，就是情况被夸大了，虫害问题是值得怀疑的。

他发现虫害的苗头便跟踪追击。在罗斯托夫，有人向他报告说，在某国营农场，向日葵被吃光了。赶到那儿，他才弄明白，原来向日葵压根就没有种。他曾到齐莫夫尼基去研究黄鼠的危害性；到阿塞拜疆去研究玉米锈病的危害性；到格奥尔基耶夫斯卡亚去调查苹果树的苗圃。

他还去过阿尔马维尔、克拉斯诺达尔、塔洛伐亚、阿斯特拉罕、布琼诺夫斯克、克里米亚州——他去过的地方，遍及整个南俄。

一般认为，害虫，特别是谷物的害虫，带来的损失不少于10%。柳比歇夫不同意这个数字。他根据四处调查的结果，同时也研究了美国的材料，把这个数字降到2%，并把这一点写进了报告书。然后，他证明大家援引的瑞典麦秆蝇，也并非总是降低小麦和大麦的收成的。柳比歇夫整整用了三年的时间，反复检验自己观察所得，最后就将报告书付印。从而他得出了一个合乎逻辑的结论，那就是防治农业害虫部门的工作被夸大了，如果照老样子办下去，这个部门本身，似乎也纯属多余的了。

请问，需不需要这么一个机构，同柳比歇夫有什么关系？这不是他该操心的事。好吧，就算他得出了他那个关于害虫的结论，他向上做了报告，写出了书面材料，也就够了，一个科学家该尽的职责已经尽到了……难道他不明白，这一个部门的存在和这些麦秆蝇、螟蛾、锯蜂等所有这些昆虫被视为一股危险的力量，是同大量形形色色的人有着利害关系的——一些集体农庄因此就可以为所欲为，还有不少人也可以……

可能他也明白。他在自己长时间奔波于大小农庄之际，已饱看了那些玩忽职守的当家人如何千方百计为自己寻找借口。他大概是明白的，所以他做了斗争的准备。他掌握了新的分差统计法，同时还把农业昆虫学的作用进一步做了核实。现在他就用数字来头头是道地证明——能使人人深信不疑——苏联对昆虫在经济上的危害性的统计是如何缺乏水平。

## 第十二章
## 一切皆有代价

“缺乏水平”——他选用这个词是确切的，然而最好还是另选一个词，因为这个词是用在那些获得了崇高称号和奖赏的人们身上的。过去一直认为害虫在受害地区的分布几乎是均等的，由此得出结论，应该整修大量谷物耕作面积。在那些年代，无论从劳动力来讲，还是从化学药品来讲，这项任务是力不胜任的。柳比歇夫证明，谷物害虫分布极不均衡，灭虫斗争可以在不大的面积上进行，从而可以节约千百万卢布。

但防治害虫部门的领导人对节约不感兴趣。应当为自己受到侮辱予以回击——他们受到了侮辱，受到了刺激，这是重于一切的。

# 平 反

1937年苏联植物保护研究所学术委员会召开了一次令人难忘的会议。会议讨论了柳比歇夫的著作，时间长达5个小时。遗憾的是，与通常一样，与其说是讨论问题，倒不如说是讨论柳比歇夫这个人。大家指责他有计划地、近乎有意识地缩小害虫的危害性，目的是要搞垮害虫防治工作……此外，他本来就是一个生机论者。在那些年代，类似的名词听起来很吓人。“害虫”这个词是一语双关。是破坏分子的辩护士、帮凶……使他们暴跳如雷的是柳比歇夫并不想悔过。当然，他在结束发言时承认，近年来，他的某些观点有所改变，但是要讲清楚，他改变观点绝不是奉命行事的。他需要的是证据。看来，只有证据才能对他起到作用。

学术委员会宣布柳比歇夫的学术观点是错误的，并且建议最高学位评定委员会取消他的博士学位。决议一致通过，但这并未使柳比歇夫着急。他认为，在学术方面，举手通过不说明任何问题，科学又不是国会，而且多数往往并不正确。

不能说他丝毫没有考虑现实的情况。在学术委员会做出了这样的决议后，他完全可能像他自己曾说过的那样，“去吃不花钱的伙食”。

但他还是不能改变自己的做法。他蓦地发觉自己不能按清醒的理智去行动，不能从科学的利益、从自己的目标出发去行动。牺牲自己总要有所为——但是他被捕，他被当作破坏分子、走狗……又能给谁带来好处呢？显而易见，这么做没有任何合乎情理的理由。

可是他呆板而执拗地坚持自己的做法。

一反他那备受赞扬的纯理性。

**历来令人感到惊奇的是一个人忽然会感到有一种不受逻辑和理智支配的限度，感到有一种不可理解也不可解释的执着，出自良知或什么别的东西。“我坚持这么做，而且非这么做不可。”**

当事情在最高学位评定委员会中悬而未决的当口，奇妙的命运把一切重新做了安排：研究所所长被捕，而在他各种各样的罪状中有一条就是解雇工作人员。这样，柳比歇夫在政治上总算得到了平反，而最高学位评定委员会（还经伊凡·伊凡诺维奇·施马尔高森院士的请求）给柳比歇夫保留了博士学位。类似的事件在十年后，即在1948年著名的列宁农业科学院例会之后，又在他身上重演了一次。

不管有多怪，他阐述自己观点的坦率态度竟然还屡次帮他摆脱困境。他酷似当时一些戏剧和电影中经常被扫地女工、上年纪的工人或进步的孙女训斥、开导和教育的那种落后的老教授。

有一次，一位年轻的科学家表示非常欣羡柳比歇夫那种从容不迫、顺利安适的生活。柳比歇夫以其一贯的作风，把自己所有的倒霉事儿开列了一张清单作为对他的回答：

5岁，从柱子上摔下来，摔断了胳膊；

8岁，一块板压坏了脚；

14岁，在做昆虫标本切片的时候，割破了自己的手，得了败血症；

20岁，急性阑尾炎；

1918年，肺结核；

1920年，格鲁布氏肺炎；

1922年，斑疹伤寒；

1925年，最严重的神经衰弱；

1930年，由于康德拉节耶夫事件，几乎被捕；

1937年，列宁格勒（全苏植物保护研究所）危机；

1939年，在游泳池跳水没有跳好，得乳突炎；

1946年，飞机失事；

1948年，全苏列宁农业科学院例会后被整；

1964年，摔跤，后脑猛撞在冰上；

1970年，摔断股骨腰……

上列清单中还未包括其他许多事故。他具有高度的“出事能力”。他不善于回避不愉快的事件和危险的争执，也不善于躲开滑溜难行的地方。一旦摔跤，那就摔得头破血流……

**要点**

- 柳比歇夫不仅记录工作的成果，连生活中的倒霉事儿都一一记下。

# 第十三章

## 了解一个人，就要看到他的矛盾

时间统计法成了他即兴演奏的乐器，用这乐器，他爱演奏什么就演奏什么。

他如此精打细算地统计时间，可他把时间都浪费到什么上去了？

## 年度总结：向时间做自我剖析

他不时将自己的年度总结寄给朋友们。这些总结被称为“年度咨文”。当然，这不是完整的总结，只不过是一些摘录而已。年度总结本身是归档的。既称年度咨文，其概念就很清楚：为回答朋友们的询问，他写上一封综合性的信，里面既谈到做了什么，正在做什么，也谈到身体如何。枯燥的年度总结在给朋友们的年度咨文中变了样。描绘过去一年中所有的倒霉事件、痛苦以及欢乐，都显得既愉快又严肃：

……一月份得了一次好厉害的脑震荡，滑了一下，仰天摔倒，后脑勺猛地碰到了冰上。我第一次懂得了什么叫“失去记忆”。我并没有失去知觉，但当我站起身来时，已完全忘记我原本是想去探望

> 一位熟人……没有留下什么后遗症，我甚至想，还有好处。试举先例：据说总主教费拉列特·德罗兹陀夫在年轻时特别笨，当过牧童，但有一次被重重地击了一下前额，从此之后，他才华横溢，成了总主教。不过，他是有名的反动派，这也完全可以理解，因为他是被人击了一下前额，这就是说把他朝后推了一下。要是被人在后脑勺上来那么一下（旧俄教育法），那就会被朝前推一下，这就是俄罗斯民族才华的由来。虽然由此悟出了敲后脑勺的理论和实践，但我还是决心放弃对自己采用这类措施……

但长达数页，附有种种表格的归档的总结到底又是为谁而写的呢？他是向谁汇报工作呢？如果只是为了分析过去一年的工作，那么未必非得写出所有读过的书名不可，所有收信人的姓名，所有听过的歌剧……譬如说，记下多少卷、多少页、多少小时等数字来说明，也就足够了。从他的总结中，可以明显地感到他向某人或向某个对象做汇报的意愿。他是在汇报。那么是向他自己汇报吗？这听起来自然很动听，但缺乏现实意义，这更多的是艺术上和文学上的臆测，而不是切合实际生活的想法。什么叫向自己汇报？这需要一种双重心理，或近似喜剧性的心理：我向自己写了，汇报了，然后等待决定……

我想，情况可能并非完全如此，他之所以写汇报，是出自分析上的必要：随着岁月的流逝，亚历山大·亚历山德罗维奇·柳比歇夫越来越感到时间的珍贵，这种感觉是每个成熟的人都有的，在他则尤为突出。他的时间统计法使他珍惜每一寸光阴，使他崇敬时间。

熟知他的人都发现了他这个特征。

巴维尔·格利戈里耶维奇·斯维特洛夫写道："他一生的时间并不是他的私有财产，而是拨给他从事科研工作的，科研工作就是他的使命和他一生中的主要欢乐，为了完成这一使命，他节约时间，计算归他支配的每个小时和每一分钟。"

他是为了巴维尔·格利戈里耶维奇·斯维特洛夫所谓的那个"拨给"他的时间做汇报，为了借给他的时间做汇报……可又是谁借给他的呢？这里涉及的已是他的人生哲学，他对目标、对理智以及对最复杂的生活问题的态度，这些问题，我既不打算探讨，也不打算触及。

只有一点我是明确的：**他的时间统计法不是一个节俭的计划工作者的预算，把他的时间统计法比作想向时间做自我剖**

**析更为恰当。**

艾伯特·施维采尔写到的那种对生活的崇敬，**在柳比歇夫身上有着自己的特色，这是对时间的崇敬。他的时间统计法充满了对时间的崇高责任感，这里包含了对人、对全体人民和对历史的理解……**

这样，由于他遵循了自己的时间统计法，由于他从不把半个小时看成是少量的时间，他做了很多事。

他的头脑可以称之为一部组装得非常出色的机器，专门生产思想、理论和批评。这部机器能生产问题。这部机器在任何条件之下都能运转，一丝不苟。这部机器被明确地计划用于最重要的生物学问题，从1916年起，连续不断地运转，也就是一连运转了56年，不出一点毛病。不，已经搞清楚，他本人并不是一个机器人，绝对不是：他感觉得到痛苦和悲伤，而且还会干出一些冒失的事来，给自己带来不快。所以在其他一切方面，他受一般人之常情的支配。

他自己说："根据我的观点，把人看作机器是一种迷信，几乎相当于作为拼凑星占表的依据那样的一种迷信。"

他举星占表为例并非出自偶然。当时都认为星宿预先就注定了人的命运。但柳比歇夫自己决定自己的命运。

**对柳比歇夫来说，预先安排好的不是命运，不是行动，**

不是心情，而是他的工作。至少，他的时间统计法必然导致这样的结论。为了达到目的，一切都分配和计算停当。为此，他计划、计算，并按收入和支出两条渠道分别做好分配。这样，他当然要汇报，他要汇报已向目标前进了多少。

## 不时走入岔道

然而他的道路越走下去就越令人费解——他不时踅入岔道。无缘无故，他忽然毫无计划起来，长时间驰心旁骛，忘掉了自己主要的任务。不过，即使在这种情况下，你也不能说他是一个散漫的人：不管什么工作，一经开始，就干到底。可是要知道，这份工作本身就与他无关，完全不在原计划之内的。

1953年，好像是毫无来由，他忽然着手写《论李森科在生物学中的垄断》一文。一开始，这仅仅是一些具体的建议，而结果却写成一部长达700多页的著作。1969年，同样是突如其来地写了《科学史的教训》，还写了怀念父亲的回忆录；又在《文学问题》上发表《达达派研究》一文；忽然又无缘无故地大写其《评劳合·乔治回忆录》；突然写了一篇关于堕胎的论文；马上又是一篇《论叔本华的格言》；紧接着是《论叙拉古战役在世界史上的意义》。叙拉古到底同他有什么相干呢？有必要去写它吗？

虽说如此……苏联著名的研究古希腊罗马的历史学家们都去同他商榷，把学术报告摘要和书籍寄给他，请他提意见。他真像一个古希腊罗马史的行家。但对那些专家们来说，重要的不仅在于他是一个行家，还在于他是一个思想家——在这方面，他也有自己的观点、自己的议论和自己的异端邪说。

就在那篇关于叙拉古的论文中他写道：

> 我本来觉得，如果在这一场战役中雅典人得以取胜，那么他们在获得了领导权后，就可以联合所有的希腊人，成立一个疆域辽阔的国家，一刻不停地发展希腊文化……这个观点我过去一直是无批判地接受的。雅典人似乎是历史上的一种奇迹——在一小块土地上（这块土地还划分为很多很多小的城邦）居然能产生高度惊人的文化，这种文化：艺术、文学、哲学、科学，几乎是第一次尝试实行民主制度……至今还引起我们的赞叹。出色的雅典人常年的对手是

# 第十三章

## 了解一个人，就要看到他的矛盾

**阴险和丘八作风的斯巴达国，这个国家完全没有文化遗产……它极端狂妄自大，目光短浅。**

如同所有的人一样，他原来也认为真理在雅典人一边，由天才的阿尔基维亚德率领的雅典人理当胜利。但请你们注意下面这一句话："……现在一系列的想法使我断然改变了自己对雅典人在世界史中的作用的观点。"接下来，他就顺序一一阐述自己的想法，并详尽地论证这些想法。

可以认为他的专业是雅典史，或至少是古代史，某些新获得的资料使他重新考虑和审核，最后改变了自己对雅典作用的观点。难道能想到这是一个生物学家写的吗？反正问题不在学识渊博上。另外还有一点令人惊异：雅典在世界史上的作用问题竟使这位生物学家如此心神不宁！

如今他已不在人世，一切问题都得不到解答，必须在书信和手稿中寻找答案。研究了他的总结，我才搞明白，原来在那段时间里他正准备写一本论文明兴衰的著作，因此去探索雅典的作用。所以这一切完全不是无所事事的学者在逢场作戏。而他之所以著书谈文明的兴衰，是因为他认为必须严厉批判英国最大的生物遗传学家罗纳德·费歇的社会达尔文主义的观点。费歇妄图把社会学归结为生物学，从而证明生物遗传学是人类进步的主导因素，是文明兴衰的原因。

柳比歇夫有许多工作看来似乎是偶然的，其实，很可能从中发现这些工作的必要性，发现这些工作同他的主要工作之间的联系。但确有东西来路不明，纯粹是与他毫不相干的。为什么他要写关于玛尔法·鲍列茨卡娅[1]的论文呢？又为什么他要去写关于伊凡雷帝的著作呢？当然也可以把这些工作说成是合理的和有根有据的。特别是用缺乏意志力来解释，那理由就更充足了。柳比歇夫显然不善于克制自己。他经常迷上同他完全无关的东西，纠缠到同他毫无直接关系的辩论中去。伦理学的各项公设同他又有什么关系呢？在这方面有的是哲学专家；他又何苦去写50多页的《评劳合·乔治回忆录》——这么做实在是太过分了，是不能允许的！只有无所事事的学究才会这么做……

有这么一句古老的谚语：一个医生，如果他仅仅是一个好医生，那他就不可能是一个好医生。对科学家当然也可以这么说。一个科学家，如果他仅仅是一个科学家，那他也就不可能是一个大科学家。当想象力和灵感消失时，创造性的源泉也就枯竭了。创造性的源泉也要求兼及旁骛，否则科学家就只剩

① 15世纪俄国诺夫戈罗德城总管鲍列茨基之妻，曾领导贵族集团反对把俄罗斯土地并归莫斯科管辖。

下追求事实了。

驰心旁骛后来在他工作中占据越来越重要的地位。他自己也抱怨自己无法抗拒周围环境的诱惑，但我想他恐怕也无法控制自己的迷恋。他不善于遵守自己思维方面的定量饮食制，在这一层意义上，他是一个垂涎珍馐美肴的老饕。每当他强有力的逻辑思维碰上什么具有无限诱惑力的东西时，他就无法控制自己。

可是这又如何同他的时间统计法相协调一致呢？**无论如何无法协调，时间统计法成了他即兴演奏的乐器，用这乐器，他爱演奏什么就演奏什么。**

他如此精打细算地统计时间，可他把时间都浪费到什么上去了？他的好友对他这方面的责备越来越多。当柳比歇夫着手写关于生物学概况的巨著时，尤为尖锐地提出了“应当”还是“不应当”的问题：

“……在您的信中，我觉得最重要和最有说服力的一点就是您感到自己沉默不语是一种病，感到沉默不语实质上就是病因。这是男子汉的一种出色的美德……我看到，与我们女子相比，男子显然具有更深刻的社会良知。他们如果不能针对科学或艺术说出良知要求他们说的话，他们往往会生病，甚至还会送命。”紧接着又说：“……但要知道您对科学还负有责任

（更深一层的社会责任），它要求您在显微镜旁坐下来，写科学论文……存在着两种职责：一种是科学，另一种是对某一历史时期某门科学某一分支的状况所负的责任。我不信，第二种职责就比第一种更为重要。是第一种职责在起决定性作用。正是第一种职责——发明、重大事件、发现——排除了第二种职责。”

好友们的意见归结到一点：科学家的工作应当去解决自己直接担负的任务。他们认为，学术批判在解决重大问题上，只起次要的作用，“这在更大程度上属于策略、政治，而不是学术争论。这些问题应当让党和政府去管。”

担心是理所当然的，理由是明智和有远见的。正如前面所说的那样，他曾不得不同研究所领导发生冲突，并被迫退职。后来他的正确性总算得到承认，又被召了回去。再过若干年，在那正义必然胜利，恶行照例受到惩罚的美好的将来，一切都好办，但眼前，人人都可以向他提出：瞧，结果怎么样，值得这么做吗？

## 无休止的内心争执

尽管离开了研究所，他仍然坚持把自己的稿子写完。如果他去合乎逻辑地考虑一番，他是无法为自己辩解的：犯不上为了这项工作引起这么些不愉快的事，犯不上为了它分散搞主要任务的精力……除非出自公民的良心。这倒可能。不过良心是一个非常含混的概念，似乎绝对不能同理智相容，不是吗？而且他的良心也由于撇下了自己的毕生事业而备受折磨。他老像是在请事假，向自己心爱的工作请假。这是为了什么？为真理而斗争？可这并不是他的使命，他是一个科学家，他是探求真相的，并不是探求真理的。真相更为重要……而真理更为需要……到底他必须如此还是不必如此，到底他应当这样还是不应当这样。他的良心碎裂了。他感觉到这一痛苦的矛盾，感到了在介入争论和发表意见的职责与自己一生主要职责之间发生的剧烈争执。他明白，他撇下心爱的事业不干，在某种意义上他是在牺牲自己。实际上，他牺牲了自己的时光。他无法两全。

在他漫长的一生中，这问题一直没有得到解决。他的一生是无休止争执的一生。内心的争执使他对生活中的一切邪恶更加敏感，更加无法容忍。这无休止的争执培育了他的道德。当一个人意识到历史是由他，也是为他创造的时候，他就能胸怀全世界。能意识到国家的命运就是自己个人的命运，这就是公民责任感。季米里雅泽夫能把一个科学家对纯科学的忠诚与对全体人民的社会责任感结合在一起。柳比歇夫对他如此崇敬绝非偶然。胸怀全世界，这是从属于整个人类的一种感觉。

在他仰慕的人中还有爱因斯坦、开普勒①、莱奥纳多·达·芬奇。也就是说几乎包括了各种不同类型的科学家。对于莱奥纳多，柳比歇夫赞赏他不承认教条、不承认有什么权威。柳比歇夫还赞赏他从数学角度去看待形形色色的现象。莱奥纳多是相信宗教的，但柳比歇夫发现宗教并未使莱奥纳多消极，反而推动他去进行创造。莱奥纳多的伦理思想如同

① 开普勒（1571—1630），德国天文学家。

马基雅维里在这方面的思想一样，丝毫没有使柳比歇夫感到不安：

“这种思想令人感到不道德仅仅是由于新的伦理令人感到不道德。事实上，这仍旧是苏格拉底的那种崇高的伦理，用理智来解释道德。”

柳比歇夫通常对理智评价很高。然而他自己的行动却缺乏理智，不善于算计。他的自觉纪律还是生效的，不过在结账时，往往会发现他的花销是他绝对支付不起的。

天哪，对于嗜癖和精力分散我们又能知道些什么呢？！谁能说清楚“人应当是怎么样的”。我们从何知道人应当是怎么样的呢？要是做不到集中精力，又该怎么办呢？请回想一下牛顿精力分散的情况。牛顿认为《评先知达尼拉的书……》是自己一生最伟大的创作。他花费了很多时间在神学的著作上，要说他白白浪费时间，那是再容易不过了。某些历史学家善意地为他遗憾。实际上，他的宗教观点同他的科学观点协调一致，甚至相互作用。谢尔盖·伊凡诺维奇·瓦维洛夫在他写的出色的《牛顿传》中指出了这一离奇的特点，而在他之后，柳比歇夫也指出，牛顿在解决万有引力定理这个问题时，需要有东西来填补宇宙空间。他就用上帝来填补了这空间。只有靠上帝，他才能解释万有引力。对神学的研究似乎反而给他带来了好处——这正如开普勒对占星术的迷信反而促使他创立了潮汐说的正确理论一样。

**但愿你能知道，**
**诗句可从糟粕中寻找，**
**不需要害臊。**

占星术吸引住了开普勒，那又算得了什么呢？难道碍着他了吗？什么是主要的，什么又是多余的？该由谁来对此做出判断？譬如，瓦格纳[1]把自己的诗篇看得比自己的乐曲还重。如果他是正确的，写诗确实帮助他去作曲，因而他把诗篇看成是比一切都珍贵的东西……那又能怎么样呢？如果驰心旁骛对柳比歇夫有帮助……那又有什么不好呢？

1965年，他忙于研究玻璃窗上由寒气冻成的花纹。他照了几十张、几百张花纹的相片，最终写成了《论玻璃窗上由寒气冻成的花纹》一文。

这一条小品文式的标题丝毫没有使他感到不好意思，虽然这是讥笑他再好不过的口实——瞧，有一位退休的教授想从

① 瓦格纳（1813—1883），德国作曲家。

玻璃窗上由寒气冻成的花纹中汲取学术思想啦！

从这众所周知的现象中还能搞出什么新名堂来呢？谁没有欣赏过严寒在玻璃窗上画出来的毛茸茸的灌木丛？哪个人都能发现这些图画同植物、蕨类、树叶和木本类植物有着出奇的相似之处。

问题在于这种花纹和人们对这种花纹的诧异已历时几百年，观察的次数不下于亿万次，因而不见得还能在这方面发现什么新的东西。但是在一个美妙的冬日，有一个人以任何时候、任何人都未这么观察过的角度来观察玻璃窗上的这些花纹，他并不是发现了相似，而是发现了相似的规律性。他至多只向前多迈了一步，从大家看过后满意地停下来的地方向前多迈了一步。相似的规律性，也就是自然体系中结构和协调的普遍规律，现在完全可以用数学方式将它们表达出来了。柳比歇夫著作的研究者之一，尤里·阿纳托里耶维奇·施列捷尔写道，在这篇文章中，柳比歇夫提出了科学中两个新的部类：相似理论和“不占空间的对称式”的理论。玻璃窗上的花纹突然出人意料地补充了柳比歇夫所描绘的世界。为了描绘这个世界，他到处收集材料，从最普通和司空见惯的现象中收集材料，他终于获得了新的和更为深刻的理解——于是平凡变成了神奇。对于一个真正的科学家来说，最不起眼的东西可以成为发现的源泉。

索菲娅·科瓦列芙斯卡娅是从事陀螺——一种孩子的玩具——研究的，她从新的角度解决了固体旋转的课题。开普勒应酒商的要求开始计算酒桶的容量。他的著作《酒桶的新测体积学》包含了无限小分析的开端。坎托尔对三位一体进行反复思索，从而创造了自己杰出的论述——多数论。纸牌游戏是否产生了当代竞争角逐的理论呢？

## 自我批评的能力

责备柳比歇夫分散精力的好友们，自己也津津有味地读他的“不相干”的著作。而对我来说，最有意思的正好是他分心去写的那些东西。那些东西往往出人意料、引人入胜。它们经常揭示某些东西。例如，他对论阿蒙德森[1]的那本书的评述或对施利色堡的囚徒尼古拉·亚历山德罗维奇·莫洛佐夫[2]文集的评述，他关于维尔高尔[3]《人或兽》这部长篇小说的思索，都莫不如此。他的专业性的著作我看不懂，我看得懂的正是这些一般性的著作……或者是包含在他专业性著作中的那些一般性的东西。在他那些专业性著作中，通常有涉及历史和哲

①阿蒙德森（1872—1928），挪威极地旅行家和探险家。

② 尼古拉·亚历山德罗维奇·莫洛佐夫（1854—1946），俄国革命家、科学家和诗人。

③ 维尔高尔（1902—1991），法国作家和艺术家。

学之处。例如，你只要读一读他去世后才出版的《多数和单数》那篇文章就可以知道了。那篇文章以独特的方式一个接着一个地提出了关于其他星球上的生命的问题、发展理论的问题、天体生物学的问题、控制进化过程的规律的问题，阐述了恩格斯和列宁如何理解进化论……

谁能说得准，在柳比歇夫所写的著作中，能永世流传下来的是什么，是普及的哲学著作，还是学术研究著作？他本人没有考虑这一个问题，他按帕斯捷尔纳克[①]的方式解决了这个问题。

……然而失败还是胜利
你自己不应去注意。
不，应当注意……

允许诗人做的事，不一定允许科学家去做，绝不允许他失去自我批评的能力。他必须分辨结果是成功的还是失败的，工作是需要的还是不需要的。到底是失败还是胜利，**柳比歇夫创造并不断修订自己的时间统计法，他节约时间，都不是**

① 帕斯捷尔纳克（1890—1960），苏联诗人和翻译家。

**为了以后把时间浪费在自己入迷的事情上。在某种程度上，他破坏了自己的时间统计法。时间统计法没有能控制住他，没有进行抵制。他的时间统计法像过去为他的长处服务一样，开始驯服地为他的弱点服务。**

……但如果柳比歇夫从某时某刻起，只能以这样的方式去工作，那又有什么办法呢？他渴望对令他激动的事物做出回答，这已成为他出自天性的要求。为什么他就应当强行克制自己？他想尽可能充分地把自己理性中的各个方面，把所有使他激动的东西，体现在自己种类繁多的著作之中。有时他认为道德问题比学术问题更为重要，因而他不能撂在一旁不管。

倒确实是这样，但又该将什么称为“散漫”和“精力不集中”呢？

一个作家，当他创造的主人公开始违反逻辑去行动的时候，那他是会感到满意的。本来应当这么干的，但出于感情的支配，突然干出了连作家本人也没有预料到的事。主人公的行动完全不是出自周围环境的支配，但同时在人情上又是说得通的。在这种场合，虚构的人物接近了有血有肉的活生生的人，并以其身上的矛盾令人信服。

可是，同一个作家，一旦发现他所熟悉的人做出了一些他不太理解的行动，他一定会去探求一种合乎逻辑的解释。如果作家要描写这个人，或者描写某个历史人物，那他更要千方百计地去探索那个人的行为的起因和动机，并竭力把这些起因和动机阐述得十分准确和合乎情理，也就是想把所有的矛盾都消灭干净。

我对亚历山大·亚历山德罗维奇·柳比歇夫也正是这样。我非把他的行为阐述清楚不可，我要弄明白，到底秘密何在。我深信，全部问题在于我头脑迟钝，知识不够渊博。

可能，我没有估计到他外向的气质；可能，他试图通过历史、哲学来表达那几年中我们都感兴趣的事物。这就是他对伊凡雷帝和对伦理学发生兴趣的由来。

也许，柳比歇夫提出的生物学上的问题触及许多根深蒂固的偏见。不论他从事什么——辩证法、历史、力学、哥白尼的学说、伽利略的学说、柏拉图的哲学——他的观点总是不同于前人。他总是发现别人错了。不管他到哪里，哪里就有谬误——于是他不得不去对付这些谬误。能看到他人看不到的事物的才能是一种折磨人的才能。这种才能是了不起的，但与其说这是一种乐趣，还不如说这是一种惩罚。

他不是去回避，而是去同谬误去做斗争。谬误却像九头怪蛇的头那样不断长出来。而他则又必须不断地去斩掉这些头。他是赫拉克勒斯[1]，谁也不曾向他提出任务，谁也不去估量他的功绩。

那他究竟为什么要这样做呢？应当这么做吗？这可是没有一点逻辑性。柳比歇夫的生活是按时间统计法安排的，时间统计法要求他干什么都要合乎逻辑，给他提供最合理和经过深思熟虑的决定，帮助他挑选最有利的方案，哪儿还能找到比这更好的谋士！但在一种情况下，时间统计法不起作用，那就是当柳比歇夫违背自己的利益去行动的时候。时间统计法在矛盾面前无能为力。对于逻辑性不强的事物，时间统计法可以用逻辑性强的事物来与之抗衡。现在根本没有逻辑性，于是一切都违背理性了。时间统计法提示柳比歇夫这么做，柳比歇夫却偏偏那么做，似乎存心挑选对自己最不利的、预先没有估计到的方案去做……

为什么？我恍然大悟，根本没有必要去寻找这个问题的答案。这个问题是不合情理的，是愚蠢的。无须再去探索。我总算彻底明白了，这是无法解释清楚的。这是掘不动、挖不透的花岗岩层。

了解一个人——这就是要看到他的矛盾。

---

① 希腊神话中的英雄，以力大闻名。

我明白倒是明白了，就是解释不清楚。明白和理解可不是一回事。然而这些矛盾并未削弱他的力量。他对生活、对自己、对科学所做的种种思考并未减少他的积极性。行动的渴望在增长。思维在督促着他。他不怕别人向他询问他那不知疲倦的写作和他那精力充沛的活动，其意义何在。有一点他知道得非常深刻，而且曾多次向别人说起过：谁同现实妥协，谁就是对未来没有信心。

话又说回来，这一点也并非总能帮他的忙。他很想什么都不管、什么不相干的事都不去思索，仅仅从事自己主要的、唯一的老营生。他很想向现实妥协，不去关心现实。可是他无论如何也做不到，他被撕成了碎片。他的心灵出现了裂纹，这是很折磨人的。更使他痛苦的是，他不知道他是在履行自己的职责呢，还是在违背自己的职责。他是在牺牲自己呢，还是在逃避战斗……

## 要点

- 柳比歇夫把时间当成金钱，从收入和支出两条渠道进行统计，最后计算出自己向目标前进了多少。
- 通过时间统计法，柳比歇夫更加珍惜时间，对时间充满崇敬。

# 第十四章

# 比时间更宝贵的

在他紧张的精神生活中，他崇敬的英雄们、他喜爱的人、他的表率都不断在变换。仔细去考察这种变化，该是很有意思的事。对于柳比歇夫，任何时候都不能说他已“成为”怎样一个人。他永远正在“逐步成为”怎样一个人。他一直在探索，一直在变化，他总是重新考虑，不断提高对自己和理想的要求。

# 计划没有全部完成

柳比歇夫完成自己原定的计划了吗？大自然赋予了他（或者说他从大自然那儿领取了）完成计划的一切条件：才能、长寿。他还制定了一个时间统计法，尽管有所偏离，但他还是一直遵循着这个时间统计法来使用时间和精力……

可惜，他并未完成原定的计划。在生命将终的时候，他明白自己的目标并没有实现，而且永远也实现不了了。根据自己的时间统计法，他可以精确地计算出，还差多少就可以实现他订的目标。当他决定集中精力写《文化史上的德谟克利特和柏拉图两个流派》一书时，他已满72岁了。他预计这本书将占用7至8年的时间，并将成为他最后的一部著作。就像任何一部最后的著作一样，这部著作将是一部主要的著作，里面将剖析普通生物学的概念。

## 第十四章
## 比时间更宝贵的

在写作过程中，书的中心部分开始增添大量一般哲学性的思索和社会科学的科目——这倒不是偶然的，因为这本书的内容理应涉及人们认识的统一性。

用了几年时间，他才写到哥白尼。显然，他未必能囊括生物学各科了。按具体体系拟订的研究项目也落空了。从1925年起，他就千方百计压缩自己对昆虫的研究。他舍弃了象虫类，只留下了地蚤。但就是地蚤，他也不得不缩减种类。到了1970年，在可靠地鉴别性别方面，他总共才完成了6个小类的任务。设想得那样多，而完成得却那样少！45年从事跳甲属的研究工作，成果却是如此微不足道。

他的朋友鲍里斯·乌瓦洛夫开始同他一起工作。在同样的这些年里，乌瓦洛夫在2000种非洲蝗虫中，验证、论述了将近500种过去没有研究过的类目。乌瓦洛夫一生研究的就是蝗虫，结果就成了世界上在这方面首屈一指的专家。他在第二次世界大战中组织了非洲的治蝗工作，为此获得了英国、比利时和法国授予的勋章。当然，乌瓦洛夫给自己提出的是另一种任务，但不管怎么说，总是……

柳比歇夫一度曾幻想把研究地蚤的工作同一般理论性问题结合起来。但他没来得及做。所以他在这方面也遇到了挫折。当然，有关害虫的研究工作还是卓有成效的，而且在昆虫学方面，他捎带也做出了某些概括（就目前看来，成绩也不算小）。例如，他概括出等级制度并非到处都适用的。这个概念就不仅涉及生物学一门科学。他的著作使数学家、哲学家、控制论专家都发生兴趣，可以找到不少告慰之处。但预定的计划没有能完成。他调整自己的时间统计法，使它成为一种生活方法，就是为了完成预定的任务——然而却未能完成。不走运啊。他是一个不幸的人。

他属于能超越自己可能性界限的那种人。他的身体并不怎么好，但由于遵循一定的生活制度，他长寿，一生基本健康。他在各种最为复杂的情况下，始终能从事自己的专业工作；他几乎一直从事他想干的和他爱干的工作。他不是可以算作一个幸福的人吗？

**这儿说的“幸福”到底表现在什么地方呢？他制订的、核算过的、安排好的计划落了空，哪一项都没有达到预期的结果。大部分著作没能在他生前出版。他提出的目标确确实实是当务之急。目标并没有使他失望，相反，他通过自己的著作已经接近了那些目标，已接近到能够看得见它是多么美好，多么有意义，并且是可以达到的。**现在当他清楚地看到这一点时，已经死期将临，这是最令人伤心的。他所缺不多——再有一次生命就够了。当意识到自己失算了，一切都将付之东流，这是多么让人伤心。除了不幸，还能称作什么呢？——他是一个不幸的人！

他具备一切足以获得盛誉的条件：意志力、想象力、记忆力、禀赋以及其他品质。它们搭配恰当、匀称。搭配匀称，这是非常重要的；可以说，整个核心在于搭配匀称。稍过之或不及，都会使一切成为泡影。我认识一位物理学家，他至少能完成三项最重大的发明。可是每次他都一而再、再而三地反复验证，到头来别人超过了他。对自己过分的苛求——他过分害怕出差错——反而害了他。他反应不够敏捷，或者说他思想不够解放，或者说他还缺少些什么别的。在这种情况之下，单有思考能力还不够，还需要有性格。

所有这一切，柳比歇夫都够了，赋予他的，不多不少正合适，要是他给自己选择的目标稍小一点点的话，那么他可以获得不知大多少的成就，等待着他的将是法布尔[①]或乌瓦洛夫般的盛名……

他不走运，大自然捉弄了他。谁能想到一切会安排得如此复杂？他倒总是遵照伊凡·安德列耶维奇·克雷洛夫[②]的教

① 法布尔（1823—1915），法国昆虫学家。
② 克雷洛夫（1769—1844），俄国寓言作家。

导去安排工作的："如果想要工作有一个令人欣慰的结局，那么就去干你心向往之的工作。"然而并没有出现令人欣慰的结局。

倒霉鬼。他自己也这么称呼自己。

第十四章

比时间更宝贵的

## 如何评价自己的一生

可是为什么在年轻的科学家中——也不仅仅是青年，还包括有贡献的、声名烜赫的学者——喜欢他的人一年多似一年？为什么在各种会议上，听众怀着深切的敬意聆听他的报告？为什么他自认为是幸福的人？更确切地说，他自认为自己的一生是幸福的一生？

用《圣经》中的神话来打比方，可以将他比作施洗的约翰：他属于为生物学准备新观点的那种人。他播种，明知看不到发芽。

他怀着一个信念，深信他的工作以后会用得着的。那些在他身后继续活下去的人会需要他的。这是一种自我安慰，比之于科学家，这种自我安慰在艺术家中更为常见。其实，与他同时代的人也需要他，不过各有各的需要罢了。

不久以前，苏联著名的科学家谢尔盖·维克多洛维奇·麦英和阿历克赛·弗拉基米洛维奇·雅勃洛科夫在评述柳比歇夫的一篇遗著时写道：

“在生物学家中，大家知道亚·亚·柳比歇夫坚决反对当今最流行的进化论观点（也就是把关于进化中天择的主导作用的学说同群体遗传学的成就结合起来的观点）。由于其他一般生物学上的问题几乎都直接或间接地同进化论学说有联系，那就无怪亚·亚·柳比歇夫在对待这些问题上也总是与大多数人赞同的观点相左了。在这种经常性的‘反对派立场’中有着特别珍贵的东西。甚至很多柳比歇夫的学术对手也感激柳比歇夫睿智的批评……看来，像柳比歇夫这样的批评家是必不可少的——即使最终他们被证明是错误的。”

要说他最不能容忍的是什么，那就是无可争辩的真理、不可动摇的信仰、绝对的结论。

……您提出了一个论点：科学同许多社会普遍真理相联系着，而哲学中则一条这样普遍公认的真理也没有……我亲爱的朋友，您是从哪一个星球上下凡来的？现在正好可以提出同您完全相反的意见：在最精密的科学领域中，没有普遍被公认的东西，相反，有的却是巨大的意见分歧。在数学中，有一系列非欧几里得几何学，在数学原理方面，思想紊乱……在概率论和数学统计学学说中，思想又是多么紊乱啊！在天文学方面，现在不是一个拉普拉斯理论[①]，而是一大堆理论，在地球起源方面，已不是一个冷缩理论，而又是众说不一的种种理论……您在这儿该说了："除此而外，总该有一些不可动摇的事实啊，例如地球是圆的，而不像一张薄饼。"现在确实已经有了不可动摇的否定意见，例如地球并不像一张薄饼，但至于地球形状的肯定意见，那么眼下意见之分歧是令人吃惊的……形成了地球轮廓的数学理论，残留部分的轮廓是随着地球的历史而形成的。特别还指出了有一个时候，月亮离地球要比现在近得多，当时地球和月亮几乎连成一体……科学愈不精密，它们就愈没有变动，而在精密科学中，变化是巨大无比的，而且持续不断地进行着……

① 法国天文学家拉普拉斯（1749—1827）于1796年提出的关于太阳系起源的一种学说。

他具有一种在学术方面发表与众不同的见解的特殊才能，他能对看来似乎是最可靠的原理表示怀疑。有时，他否定、驳斥我原来认为显而易见的一些事物，这就促使我去思考。这里重要之点在于他激起人们的思维，他促使长期不动脑筋的人去思索。说来奇怪，有许多科学家犯了不动脑筋的毛病。他们促进思维的器官衰退了。更何况无所用心毫不影响他们的学术指标……

他回答一位抱怨没有时间考虑问题的年轻有为的科学家（捎带提一下，他在很多方面还多亏了这位年轻人）说：

> ……没有时间思索的科学家（如果这不是短时期，而是一年、二年、三年），那是一个毫无指望的科学家；他如果不能改变自己的日常生活制度，挤出足够的时间去思考，那他最好放弃科学……您现在已经是一位博士了，有着崇高的地位，您已无须匆匆忙忙，应当设法对自己有一个了解，您到底给自己提出了什么样的目标？如果您提出了目标——想在科学领域中获得尽可能大的成果，那么必须把思考的时间留出来……伟大的卡·冯·伯尔以“观察与思考”作为自己著作的题目，可是在

# 第十四章
# 比时间更宝贵的

当代著作中，观察极多，而思考却往往极少……您的哲学见解（与大多数生物学家的哲学见解雷同），同某某（当时写了一系列毫无水平的生物学论文的一位作家——作者注）的生物学见解一个水平：结果是两种——不仅是完全的无知，而且是教条主义的肯定，实际上属于迷信的东西。科学家可以不可以忽略哲学？可以。但他就无权援引哲学论据了……请您安排出时间来考虑一下您现在认为无可争议的东西，在您尚未补上这一空白之前，别去写什么畅销的书籍，要么干脆放弃进化论学说，因为在您不可能思索的情况下，显然您对此是无法胜任的。

能不能用一个人对自己提出的目标来衡量他这个人呢？一般用什么来评价一个人度过的一生？用他带来的益处来衡量？人才比庸才带来的益处要多些？那庸才当然要比人才还要多些！但是一个人没有才华，没有杰出的才能，又有什么罪过呢？而有才华的人又有什么功绩可言呢？是啊，天才的科学家对科学的贡献多于中乘之材。然而一个天才的科学家身上表现出来的主要是大自然，而不是这个人本身。

## 柳比歇夫的时间守则

柳比歇夫不是天才；天才永远是那个促成结果的人。一种事业，总有许多先驱者为之献出智慧，最后轮到一个人来完成它，这个人就是天才。我之所以对柳比歇夫产生兴趣，正由于他不是天才，因为天才是无法分析的，好在天才也不用去研究。天才只适合于让大家来赞美。至于柳比歇夫，吸引人的是他的秘密，他靠这个秘密得以施展身手。尽管他并没有制造任何秘密，他批驳了他有过人的工作能力的说法。

除了时间统计法之外，他还有几条守则：

1. 我不承担必须完成的任务；

2. 我不接受紧急的任务；

3. 一累马上停止工作去休息；

4. 睡得很多，10小时左右；

5. 把累人的工作同愉快的工作结合在一起。

这几条守则不可能要求人人去遵守，这几条守则是他个人的守则，是按自己生活和自己身体的特点拟订的——他好像在研究自己工作能力的心理特点，在研究最适合自己工作能力的日常生活制度。

**他几乎从未抱怨过自己没有时间。我早就注意到，善于工作的人，时间总是够用的。不，最好还是用另一种说法：他们的时间要比别人多些。**我不由自主地记起康斯坦丁·格奥尔基耶维奇·帕乌斯托夫斯基[①]在杜布尔塔如何长时间地散步，津津有味地讲开了他自己有趣的小故事。他似乎无所事事，因为他从不来去匆匆，从不说自己忙，然而他却比我们任何人都干得多。什么时候干的？不知道。

像柳比歇夫这样的人，似乎同时间建立了一种神秘的、谁也猜不透的关系。这样的人无所畏惧地面对这位贪婪之神。

人们经常充满敌意地对待时间。空间、物质——这些东西

①帕乌斯托夫斯基（1892—1963），苏联作家。

都能以某种方式加以驯服。时间却始终那么放荡不羁。自从人类窥见宇宙深处，听到计算几十亿年的宇宙时钟的嘀嗒声，看到银河系会如何崩溃，时间就显得更加可怕了。

**柳比歇夫对待具体时间的勇敢精神使我大为惊讶。他善于捉摸具体的时间。他学会了如何同跳动着脉搏的、正想溜走的“现在”打交道。他不怕屈指可数的、日益减少着的余年。他小心翼翼地延长时间，紧紧攥住它，尽量做到不无故浪费时间，连点滴时间都不放过。**他对时间就像对不可或缺的生活口粮那样重视。“消磨时间”——这是不可能在他头脑中产生的念头。任何时间对他来说都是宝贝。时间是进行创造的时间，认识事物的时间，享受生活乐趣的时间。他对时间满心崇敬。原来，一生完全不像通常人们所认为的那么短暂。这里问题不在寿命长短，也不在工作安排得满满登登。柳比歇夫的经验在于充分使用一天中的每一个小时，一小时中的每一分钟，时时考虑实效。一生的时间是极长的时间，在一生中可以把工作干个够，可以读大量的书籍，可以学会好几种语言，可以出门旅行，可以饱听音乐，可以教育子女，可以在乡下居住，也可以在城里居住，可以栽培植物，可以培养青年一代……

如果我们自己慢慢吞吞，那么生活就不等人。

## 第十四章
## 比时间更宝贵的

我们好像只能使用经过精选的时间；我们记得的只是一生中最精彩的时刻；半个小时对我们来说不算时间；我们只承认整段整段的时间，只承认不受客观环境和偶然事件干扰的大段时间。只有在这样的时间里，我们才打算大显身手。短一点的时间，我们马上会借口外界有干扰、客观条件不允许而难以用上。啊，不依我们意志为转移的客观条件，具有充分权力和理由的客观条件真是威力无比！把责任往它们身上一推，那是多么轻而易举啊……

我们没有注意到，这些借口是怎样在削弱和腐蚀我们的灵魂……我想以我的一个朋友来作为反面的例子。他曾经是一个很不错的科学家，后来又担任过一个很大的研究所的所长。马上我又想起我熟悉的一个作家类似的遭遇，随即又联想起另一个作家。职务确实剥夺了他们很多的时间，而且妨碍他们开展工作。但久而久之他们就习惯了这些客观情况的制约。他们都幻想能摆脱，并经常说，到了那个时候，他们就要大干自己心爱的工作了，因为陷于各种繁杂应酬活动是很难写出书来，更不可能从事科学研究。他们终于摆脱出来了。每个人都盼到了这么一天。但很快发现，他们谁也不能工作了。他们长时间不肯对自己承认这一点，他们寻找客观理由，也就是寻找新的职务，拖延时日，避免摆脱职务，尽管他们曾反复说起要摆脱它，还可能曾反复争取过。第一个人开始狂饮，然后自杀了；第二个人不知什么缘故销声匿迹了；第三个人……其他几个还活着。

柳比歇夫经常称自己是“倒霉鬼”，同时又觉得自己是一个幸福的人。他的幸福感从何而来？可能是由于他充分地施展了身手，尽情发挥了他的聪明才智。倒霉鬼和幸福感——我不知道怎样才能使两者结合在一起。也许他明白，重要的并不是成果……

他不去为出版自己的著作而钻营，不到编辑部去奔走，他也不去讲情求告……他舍不得把时间耗费在这些事上。

他避免必要的串门和喜庆活动。

可是在一件事上他却一直很“大方”，那就是写信。我不谈给亲友们的书信，不管这些信写得如何详细，内容如何丰富——这是完全可以理解的。我指的是事务方面的书信和学术信札。学术信札中，有的长达10页，有的甚至20页、40页，密密麻麻，用打字机打的。在这些信里，他对寄来的学术报告和手稿提意见，评论书籍，对各种论文进行分析。向他请教的，什么问题都有！不管是关于泰雅尔·德·夏尔顿、通灵术、机体适应问题、开天辟地以前的大自然、昆虫的名称、戏剧、人口学，还是抹香鲸……都来征求他的意见。

随便拿一年来说明他通信的数量吧：

> 1969年。收到419封信（其中98封来自国外）。
> 共写283封信。发出69件印刷品。

他的通信对象有研究所、学会、院士、新闻工作者、工程师、农学家……他的某些书信简直写成了专题论文和学术论文。有些书信，例如同巴维尔·格利戈里耶维奇·斯维特洛夫、伊戈尔·叶夫根尼耶维奇·塔姆、阿历克赛·弗拉基米洛维奇·亚勃洛科夫、尤里·阿纳托里耶维奇·施列捷尔、莱姆·巴朗采夫和奥列格·卡列宁的通信几乎就是学术述评、学术对话、学术辩论，可以结集出版。

仅就柳比歇夫用硬纸封面装订成册的几卷厚厚的学术信札而言，它们本身就是当代自然知识、哲学、历史、法律、科学知识、伦理学和其他一些莫名其妙的东西的百科全书。

我一直不能理解，古人是怎么搞的，竟然能写那么多的书信。而柳比歇夫身处现代，还在从事这一行将过时的行当，则尤其令我惊讶。

他在一封信中说明了自己写信的原则。每个月他都订一个计划，计划好给谁复信。他似乎把所有收到的信都编上号码，打上复或不复的记号。

紧急的书信，我立即答复，其他的书信，则暂缓做复。在写重要著作时，除紧急者外，一切书信都搁置一段时间再做回答。

但这里有人说，必须回复一切信件，还得马上回信，据说这是礼貌。当然喽，在当今用古代颂歌风格写的名人传记中，一些完全不足信的美德备受表扬。诸如显圣的尼古拉[①]的传记就写到一种美德，说此人一出世，就笃信宗教，因而每逢斋戒的日子，他就拒绝吃母亲的奶……在私人通信中，任何义务都应当经过双方同意。我认为，不管是在官方关系中还是在私人关系中，众所周知的起源于柏拉图的伟大的缔约思想，是完全无可争议的。任谁都没有权利要求对方答复自己的信件，复信往往是由于通信双方协议好的，或者出于关怀（完全不是必需的）。我力求答复每一封信，因为我的书信来往，数量适度，从中我得到一种满足，还因为通信

① 神话传说中的基督教“圣人”。

**不但并不妨碍我的基本目标，相反，还在很大程度上有助于达到这些基本目标。**

读他的信，能得到一种特殊的享受。他的书信显示出他博学多才，他的才华使他能够完整地看到这个世界。遥远的、外国的、某些局部的和零星的东西，在他眼中经常成为整体的一个部分，能拼成一幅统一完整的图画。他能给每一件东西找到它的位置，并且能教会别人如何去恢复失去了的完整概念。

然而，糟糕的事正在一步步逼近——他怎么舍得白白浪费这么宝贵的财富呀！不将它用于公共事业，而用在某一个人身上，这个人往往还是他不太认识的。他的某些书信完全是现成的文章，马上可以付印；另一些书信则包含了大量素材；他把自己思索、考虑和观察所得，分赠他人，而且把这件事做得认真、详尽，似乎这是他的职责所在，是给他指定的工作。这样，花费在这方面的时间就非常之多。好吧，就算你驰心旁骛，写上几篇关于历史的文章，那毕竟还是文章啊。这可是私人通信，对方看过就算完了，别人谁也不会去看。

这既是分散精力，又是一种矛盾。一点一滴地抠下来的时间，一下子都浪费在写信上，结果又引来了大批复信……在通信人里边，还有些丧尽天良的人：抓来就用，白占便宜。

如果我们按常规去判断，那么情况就是如此。但柳比歇夫有自己的一定之规。信上有地址，有人在等回信，并不是笼统地像需要文章和书籍那样需要他的回信，而是有某个具体的人在等他的回信，这对柳比歇夫来说，是比时间还要珍贵的。一个真正的医生能为一个人，为一个病人而竭尽全力，柳比歇夫也是这样，当有人需要他的时候，他可以献出一切。不管他多么珍惜时间，他也能把它贡献出来。在他身上没有那种吞噬一切的、除了科学没有其他的着迷现象。科学、学术活动不能，也不应当是最高的目标，应当还有比科学、比时间更为珍贵的东西……

第十四章

比时间更宝贵的

# 一个一生都不断成长的人

写到这里，我想起了著名的苏联画家巴维尔·尼古拉耶维奇·费洛诺夫。他可算是我所知道的人中对事业着迷的一个最为突出的例子。费洛诺夫狂热地忠于自己的艺术。他的生活是禁欲主义的生活，经常吃不饱——不是他不能挣钱，而是他不愿用自己的画来养活自己。他排斥一切，甚至连最微不足道的妥协他也不愿意去做。根据他姐姐叶芙多基娅·尼古拉耶芙娜·格列波娃的回忆，他的画室就是他的寓所，陈设简陋，过的是斯巴达式的生活。他对其他画家，能持批判的态度，就算是好的，他也经常不承认。由于对自己艺术的着迷，他非否定其他一切艺术流派不可。只有他的绘画，他才承认是真正的绘画，只有他的风格，他才承认是革命的风格。他不惜牺牲自己的健康，不惜离开自己的亲人，不顾任何艰难困苦，将自己全部的禀赋倾注于一件事上——那就是他的绘画。工作、书写、绘画、站在油画前、寻找新的方式方法——这些，也仅仅是这些，构成了他的生活方式，这也就是他的生活。自然，对艺术抱这样一种忠诚的态度是值得尊敬的，但不太容易引起人们的好感。可是费洛诺夫的绘画确实是惊人的。这么说来，到底是什么帮助了他？是他的着迷和狂热帮助了他。他那献给革命和彼得堡工人的雄伟的画幅渗透着热情，画布上处处栩栩如生。这一切的获得，难道与他的着迷无关？抑或归功于他的着迷？这么说来，着迷对才华是有帮助的，它一点坏处也没有吗？不过，当我们今天欣赏费洛诺夫的画时，对于费洛诺夫以什么代价获得了这种美，试问同我们有什么相干呢？

既然这种着迷能对一个画家有帮助，那它又有什么坏处呢？对一个科学家来说，情况可能同样如此……

重要的是成果、是发明、是获得的真理……

一切似乎确实是这样，然而不知为什么，我还是像过去一样，对这种着迷没有好感，总觉得它令人不快。有时浏览费洛诺夫的绘画，我从思想上感激他——同时又感到愤懑。回想他的一生，我从心眼里压根儿否定这种生活。我弄不明白，他到底正确还是不正确。一般说来，他到底有没有权利去这么做？

## 第十四章
## 比时间更宝贵的

写信是柳比歇夫实际能够给予人们的一种小小的帮助。由于有可能帮助人，他变得十分慷慨，他忘掉了时间，不惜一切，全力以赴。他的评语实际上是一篇非常详细的评论。他无私、无偿地做这些事。他分析错误，找出可疑之处，进行论争；他还做编辑的工作——改正错误、指出问题、提出建议。不太认识的人、完全不认识的人来向他求教，他也不拒绝。

他工作的规模简直相当于一个类似咨询总局、救济总局、学术服务局那样的机关。除了学术上的意见，他还提出道德方面的意见。他老是不客气地以导师自居，教训人、提出要求、分析行为。对我个人来说，他信中最宝贵的，正是道德方面的教训。就拿他给一位通信者的一封信作为例子吧：

……说到奇热夫斯基——我不相信您的观点是正确的，我更倾向于您是错误的。您写道："现在搞清楚了两件事：（1）奇热夫斯基的理论就是流行病现象同太阳能的关系。这简直是骇人听闻的骗局，但大自然研究者协会却上了这个当……"奇热夫斯基的著作我读得不多（我记得整本都是用法文写的），而且还是很久以前看的了。把一个人称为头号骗子或无赖——这就意味着深信这个人全部的资料都是毫无水平的，都是伪造的，并且旨在达到个人卑鄙的目的……否则即令他的结论完全是错的，也不能称他为骗子或无赖。我举尼·亚·莫洛佐夫这么一个作者为例吧。我读了他辉煌的著作《在雷雨和暴风雨中的新发现》和《耶稣传》（共7卷）。莫洛佐夫写道，由“具有真才实学”的科学家们支持的理论，如果有他这样的论据，那么一定会看成是出色的、言之有据的理论……他这个说法完全是正确的。可是他的结论却完全是荒谬的。他说：凡是王国——埃及王国、罗马王国和以色列王国——都一样。他把耶稣同伟大的巴锡里奥斯①混为一谈，把朱利叶斯·恺撒同康斯坦丁·费洛尔混为一谈，他认为古代的耶路撒冷就是庞贝②，犹太人纯粹是意大利人的后裔……诸如此类，不一而足。这一切能不能接受？我不打算接受，但并不能由此得出结论，莫洛佐夫是骗子或无赖。可以说，莫洛佐夫收集了像勃朗峰那么高的一大堆事实，但可以

① 4世纪罗马帝国希腊正教的著名主教。
② 意大利地名。

拿出像喜马拉雅山那么高的一大堆事实来反驳他。就我对达尔文主义所抱的深刻信念和所持的态度而言，也完全可能说出诸如此类的话来。达尔文和达尔文主义者确实收集了像勃朗峰那么高的一大堆同他们观点一致的事实，但博览群书之后，我可以充满信心地说，有着像喜马拉雅山那么高的一大堆事实同达尔文主义的观点不相协调一致，而且这座山还在不断增高……

紧接着他又写道：

……人们可能说，达尔文主义毕竟得出了理智的结论，而莫洛佐夫得出的是愚蠢的结论……然而并非莫洛佐夫所有的著作都导致荒谬的结论。化学家们高度评价了莫洛佐夫的《物质结构的周期表》一书。他在这部著作中，预感到了零点群、同位素和其他一些东西。他无疑是个非常有天赋的人，但他一生的特殊情况，只允许他发展天赋中一个方面——非凡的想象力，而按我看，他的批判思维并未得到充分的发展。怎么办？接受还是拒绝莫洛佐夫的观点？我认为两者都不足取，应当采取第三种办法：利用它作为建立批判性的认识论的资料……可以批判奇热夫斯基，研究他的结论，并指出这些结论毫无价值……这就说明了奇热夫斯基的观点是错误的（如同莫洛佐夫的观点是错误的一样），但这并不是说我们就有权利称他为骗子。我还认为您否定奇热夫斯基是出自一般的、我们通常称之为“方法论”的观点。在这一点上，我完全是您的反对者。精密科学的历史在相当大的程度上是信仰“占星术影响”，也就是持天体对地面现象产生作用的观点的人（包括哥白尼、开普勒和牛顿）同完全否定这种观点的人（其中最杰出的是伽利略）之间的斗争史。古典星相家们认为可以用简单的办法来决定个别人的命运，这他们是错了；他们的反对者们则咬牙切齿地忍痛接受了万有引力的占星术原则，但极力“不让”它继续发展。最近几年，“占星术原则”似乎在进攻，提出磁暴、太阳光轮同传染病很可能有关联。但传染病是由细菌引起的啊！这是千真万确的。不过让我们来回想一下佩滕科弗

**同科赫[1]的争论：为了推翻科赫的假设，佩滕科弗喝了一试管的霍乱杆菌，结果竟然平安无事。是否佩滕科弗因此就把科赫的假设给推翻了？……**

他耐心地、以各种事实和例子来不断提高学术道德的水准。人们有时听从他，有时同他争论，有时生他的气，但人们需要的恰恰是他在道德方面的严格要求。此外，我还有这么一种感觉，人们需要有人去批评指责他们。

柳比歇夫利用每次机会去寻求真心诚意和摆事实讲道理的论争，他要求双方都能容忍不同的意见。他属于那么一种罕见的人，当人们同这种人争论时，感到很愉快。当他开始同强有力的对手争论时，他力求透彻地理解对方正确的一面。

**真正的科学家和真理的探索者，从来没有绝对的信念（这里说的是有争论的那些知识领域），他总是不断地用新的论据来试图取得对方的同意，他这么做，并不是因为他觉得在对方面前有什么值得自傲的优越性，也不是出自虚荣心，而首先是为了**

① 佩滕科弗（1818—1901），德国卫生学家。科赫（1843—1910），德国科学家、微生物学创始人之一。

> 检验自己的信念。因而一直到他确信自己确已理解了对方全部的论据，确信对方并非基于极为客观的材料，而是由于这种或那种偏见而持这些观点，因而，进一步的争论已属无益，直到这个时候，他才停止争论……笔者只有在能用与对方同等的说服力来陈述对方意见，并能补充自己的意见来说明对方偏见的根源时，才能停止激烈的争论。

这些论争的守则，就其严格程度而言，就其一丝不苟的精神而言，几乎可以同决斗的规则相媲美。

如果今后有朝一日要从柳比歇夫的各种著作和信札中摘出有关伦理道德的语录，那就可以汇集成一部道德、生活和行为的守则大全——不能说这是一套完整的道德伦理学说，但至少是一个内容丰富的道德纲领，独特而准确。“正派人”的概念不大能使柳比歇夫感到满足，仅就这一点来说，柳比歇夫的道德纲领就够独特的了。在他眼里，“正派人”是那些智力和道德水准相当于“集体水准”的人。他的要求不同——他要求真正的道德，也就是说，要求一个人能独立地提高自我修养以提高道德水准，要求一个人不是把遵守道德准则看成墨守成规，而是把它看成一种克制和提高自我修养的过程。他明白，这样的人永远是很少的，但其人数总是能保证人类在道德方面的进步。

对他来说，克里缅基·阿尔卡基耶维奇·季米里亚泽夫是科学家的典范。为什么他选中了季米里亚泽夫呢？这完全不是由于柳比歇夫羡慕他学术方面的某些成就和他研究考察的能力，首先是由于季米里亚泽夫的道德品质。他倒没有专门去研究回忆录之类的资料，他个人也并不认识季米里亚泽夫，他只能在阅读季米里亚泽夫著作的过程中判断这个人。在季米里亚泽夫的学术著作中到底有哪些精神品质吸引了柳比歇夫？（1）忠于纯科学事业；（2）意识到一个科学家对人民和社会的职责。

很多人认为这两种品质不能兼备。

> ……一些科学家取了第一部分，于是躲进了象牙塔中，并认为他们有权忽视时代的要求，同时，这些科学家总是把真正纯理论的科学同微不足道的探求、同毫无用处的科学混淆在一起。另一些科学家表示（往往只在口头上）自己打算为人民和社会服务，准备仅仅从事实践，实际上，他们既不促使纯科学向前发展，也不推动实践活动。季米里亚泽

夫在其名副其实的代表作《路易·巴斯德》一书中，给这些科学界的投机分子们一个出色的回击。

这部卓越的传记还向我们揭示了季米里亚泽夫个性中另一个杰出的方面：他不把科学家的学术成就同世界观混为一谈。谁都知道，巴斯德是笃信宗教的天主教徒，而季米里亚泽夫则是一个有战斗精神的无神论者，但在一场论战中，某些唯物论者单凭感情，站到了巴斯德的对立面一方去，季米里亚泽夫却坚决地站到了巴斯德一边。

在他崇敬的每一个科学家——卡尔·冯·伯尔、法布尔、哥白尼——身上，他总是把道德因素放在第一位。任何时候都不是笼统、抽象的道德，而总是某些具体的道德品质，某些实在的和积极的心灵特征，激起柳比歇夫无限的钦佩。

他一贯利用可能的机会给自己的朋友们——弗拉基米尔·尼古拉耶维奇·贝克列米舍夫和亚历山大·加夫利洛维奇·古尔维奇——以应有的赞扬，这是颇令人感动的。

阿尔伯特·爱因斯坦和莫汉达斯·甘地也使他肃然起敬。

**在他紧张的精神生活中，他崇敬的英雄们、他喜爱的**

**人、他的表率都在不断变换。仔细去考察这种变化，该是很有意思的事。对于柳比歇夫，任何时候都不能说他已“成为”怎样一个人，他永远正在“逐步成为”怎样一个人。他一直在探索，一直在变化，他总是重新考虑，不断提高对自己和理想的要求。**

时间统计法帮助了他，或者是迫使他……

## 要点

- 除了时间统计法，柳比歇夫还按照自己的身体特点拟定了几条守则。如：不接受紧急的任务，累了就去休息，每天睡10个小时觉等。即使他的身体不大好，工作强度又很大，他依然长寿并健康。
- 柳比歇夫严格地筛选自己的日程活动：避免串门和庆祝活动，但坚持写信。并且每个月都制订写信计划，把所有收到的信进行编号。
- 他回信的原则是：紧急的书信立即答复，其他的暂缓回复；在写重要著作时，除紧急事件外，一切信件都暂时搁置。

# 第十五章
# 成为时间的朋友

他不期待别人的赞扬，他学会了自己对自己做出公正的评价。时间统计法提供了客观的指标，能说明他的情况。他在1963年骄傲地记下了2006小时30分钟的工作记录，这是他的最高纪录。平均每天5小时29分钟。而战前，每天大约4小时40分钟！他清楚地了解这些数字的真正价值，他给自己规定了定额，他拿着秒表监视着自己，他自己奖励自己，自己惩罚自己。

## 简朴生活：超过最低必需品限度的东西，他都不要

不一定把他当成一个如何如何的利他主义者。他虽然花费了很多时间在书信上，但书信也替他节约了时间。精装成册的书信副本同他的读书札记并排摆在书架上——柳比歇夫经常从中取得自己著作的题目。有时，几乎把整封书信都搬进了著作中。时间统计法帮助他利用几十年来积攒的全部浩瀚的材料。

在时间统计法的作用之下，尽管周围有一些事件发生，他的生活仍能保持对科学家非常必要和非常有益的平稳性。时间统计法有节奏地，以节拍器那种无休止的方式，嘀嗒嘀嗒地计算着一年年，一月月，不让人忘记时间在飞逝。

**时间统计法为他创造了高度理智和健康的生活。它——他的时间统计法，使他如此繁忙，以致他很容易忽视很多日常饮**

**食起居方面的不利条件。它使他轻松地、宽宏大度地去忍受人们所做的一些蠢事以及公务中的例行公事和杂乱无章，而不去同人怄气。因此他心神安宁、神经健全。**

他需要的东西极有限：有一个放书的地方和工作的地方，有一个宁静安谧的工作环境就够了。当然，宁静安谧这一个要求不算低。在我们的时代，宁静安谧是奇货。不过柳比歇夫需要的宁静安谧是最简朴的一种——只要保持安静和摆脱紧张任务就是了。他从不去追求宽敞的住宅、别墅、汽车、名画和富丽堂皇的家具——也就是某些人梦寐以求的排场和惬意的生活，正是这些东西构成他们心目中的宁静安谧的概念。

他经常有机会获得这些舒适的条件，倒也不必特别费什么劲。譬如说，也不必做什么让步。不时，有一些较高的学术方面的职务空缺。很可能，微微使点劲，他就可以晋升……但他不要这些东西。超过最低必需品限度的东西，他都不要。倒不是他故作清高，他就是不需要很多大家公认必需的东西。他在学术界的一些同行们拥有豪华的住宅、成套的陈设、精致的装饰品，甚至他们那里的每一个门把手都呕尽了人们的心血。他要看到这一切，肯定会惊讶地重复某位哲学家的一句话：“竟有这么多我不需要的东西呀！”

这就是自由。他无拘无束，但他周围的人，他的亲人们却由于他拥有这种自由而感到苦恼。他周围的人是普通人，他们不能满足于他认为已经足够了的那点子物质条件。他经常没有空暇，他像童话中那个老在那儿磨啊、磨啊，不断磨出盐来的小石磨……没完没了地工作，这使他们很痛苦。

# 保持独立的考验

人们把他当作怪物。他也不拒绝这一称呼。苏格拉底也曾被人当作怪物，顺便说说，这完全符合苏格拉底性格的本质。柳比歇夫懂得，一旦独树一帜，就不可能很快得到人们的理解。无怪乎奥斯卡·王尔德[①]说过："当人们马上同意我的意见时，我就觉得我的意见是不正确的。"

柳比歇夫不久前因其新奇而加以捍卫的真相，第二天已成为平凡无奇的了。科学的真相必须不断更新。对他来说，科学是以怀疑始，以深信不疑终。哲学同样也是如此。

他的生活并不能算是禁欲主义的，一切看起来都很平常。他进行体育锻炼，他游泳、散步，他很想买一架新的打字

① 王尔德（1856—1900），英国唯美主义作家。

机。他的需求是最一般的：称之为“家”的那个地方，看起来朴素无华。只有亲友们知道，在这种简朴后面，多少机会——在莫斯科、在列宁格勒……工作的机会——被错过了。

他意识到，这种种是为得到自由，为能够保持独立而必须付出的代价。糟糕的是，除了他本人，他最亲近的人和心爱的人，也不得不同他一起付出代价。

此外，还有一些方面要他付出代价。他的时间统计法虽然蕴藏着巨大的潜在效率，但产量不高，也就是著作出版得并不多……

每次，他都需要做出抉择。要么，迎合科学杂志、编辑部的要求：写得不致引起抗议，不去招惹别人，不去否定那些占统治地位的观点。他尊重自己的对手，他并不想惹是生非，他只想争论。但这并不意味着应当迁就迎合。如果要引起辩论，他就得采取一定的策略。反对大多数生物学家拥护的学说，一个人对付大量被公认为泰斗的人物，就要求有耐心和明智的步骤。在某些地方退让，在某些地方给予应有的回击……这里倒没有什么不可告人之处。要知道他不仅提出一个新的公式，还需要进行驳斥和否定，所以他应当善于说服别人接受他的见解。

要么，不管别人，我行我素地发表自己进化论的观点，不同对方争执，保持自己的独立性，也不去考虑自己的想法能否取胜，只考虑如何去论证自己的想法。始终不渝地忠于自己选择的时间统计法，也就是遵循预定的计划，一步一步地去做。写作时，就好像没有什么人的激情和自尊心，根本不去注意这个院士关于罗·费歇是怎么说的，那个院士又为什么获得了奖金……

他终于选择了后一种方案。这个方案决非没有一点问题，因此他在出版方面遭到了种种刁难。有时他甚至很多年默默无闻。

大家忘记了他。有人打听："他现在在哪儿？还活着吗？""是呀，就是那个当初看起来挺有前途的柳比歇夫到哪儿去了？""似乎在一个什么小地方执教。"潦倒外省的教授不在少数：他们有时候做了点事，后来就毫无作为地消失了，有时在谁也不看的地方刊物和论文集上发表些文章。并不是所有的人都能站住脚跟的……

不能认为这种情况没有让他感到丝毫痛苦。蛰居外省，对于一个科学家来说是一件危险而毫无指望的事。当代科学的发展日新月异，昨天的明星，今天已难以回想起来了。这不同于文学，文学家可以不同别人竞争，慢慢地写，还可以写好了，束之高阁，备而不用。固然在科学领域也可以这么做，然而非常危险——一切很快就过时了。在17世纪，开普勒可以安慰自己说：“……我写书是为了给人读的，现在读还是将来读，不都一样吗？它可以等上几百年，要知道，连上帝也等了6000年才等到了理解他工作意义的人。”

把写出来的东西束之高阁是不愉快的。实际上在每次开始写作时，他都苦于抉择。似乎一切都已决定了，但魔鬼一再来诱惑他。这些魔鬼都很聪明，都是合乎时代要求的。它们并不用裸体的荡妇来引诱他，不在他面前咕嘟咕嘟地斟酒、哗啦哗啦地拨弄金币。它们知道它们是在同什么人打交道。长长的、油墨未干的书页校样簌簌作响，散发出好闻的油墨香味，精装书光滑的书脊闪闪发光，上面压出作者金光灿灿的姓名。书页轻声说道：“你本来可以做到的，你本来……”不是为了荣誉，绝对不是，只是为了事业的利益。

而每一次成功都能巩固地位、声望，这些反过来又使他成为编委会、学术委员会的委员、通讯院士，这些又使他能更自由地出版著作，宣传自己的生物学思想，并支持自己年轻的拥护者。

是时候了，是时候了，再也不能这样无所作为下去了……在我们的时代，难道还在私人书信中宣扬科学的真相的吗？这是中世纪的人干的事！难道他真的期望后代对他的手稿产生兴趣，指望时间不把他的著作贬得一钱不值？

## 时间统计法的标尺

古代的人用祈祷来驱逐魔鬼。柳比歇夫紧紧攥住自己的时间统计法不放，时间统计法起着画十字的作用。他的时间统计法能使人发现属于未来的那一点点材料。这样，他过去发表在外省刊物上的旧作总算没有落到无声无息的下场。它们越来越多地被人引用，终于有那么一天，在国外被转载了，各地开始源源不绝地来索取单行本。大量的需求让他引以为荣。另一篇论文又是这样，这就是指标。

人们突然发觉，这位高傲的人，这位苦行僧和利他主义者，原来也是有正常的功名心的。他不是爱好虚荣，而是有功名心，这两者是迥然不同的。赫罗洛斯特拉特[①]爱好虚荣，开

① 赫罗洛斯特拉特是小亚细亚的希腊人，他为了要出名，于公元前356年纵火焚烧古代艺术的优秀作品——以弗所的阿泰密斯神庙。

普勒有功名心。再说，柳比歇夫发现赫罗洛斯特拉特还不算是沽名钓誉者中最为突出的例子：

> ……为了自己的“成就”（他烧掉了神庙，终于达到了自己的目的——名垂千古），他贡献出自己的生命。大量沽名钓誉的人把自己的成就建立在巨大的、用人尸垒成的金字塔上，危害性要比他大得多。

他不期待别人的赞扬，他学会了自己对自己做出公正的评价。时间统计法提供了客观的指标，能说明他的情况。他在1963年骄傲地记下了2006小时30分钟的工作记录，这是他的最高纪录。平均每天5小时29分钟。而战前，每天大约4小时40分钟！他清楚地了解这些数字的真正价值，他给自己规定了定额，他拿着秒表监视着自己，他自己奖励自己，自己惩罚自己。

> ……你是你自己最高的审判者；
> 你对自己劳动的估价会比任何人都严格，
> 你满意自己的劳动吗？苛求的艺术家。

他所进行的审判比任何其他的审判都要严格，因为他根据记载下来的事实进行审判，每次都仔细地进行调查。

在这样的审判中，某些坏事突然变成了好事，恶言相向、仗势欺人之徒竟变成了行善积德之人。

柳比歇夫惊叹道："善哉！英明的长官，你断送了我可能取得的光辉前程！"

至高的尺度不是我们所能理解，
是由创世主向达官贵人授意！

藏在这嘲讽的假面具下，他实际上对一切做如此安排也确实感到满意。他不但善于利用时间的下脚料供自己做有益的事，还善于把命运给他下的绊子变成好事。不管他被派到哪里，也不管住在哪里，他总是生活得问心无愧，总是极端紧张地生活。外省吗？那更好，可以有更多时间工作和思索，那里环境更安静，在那里身体更健康……在任何情况下，他都能找到好处。他既不妥协，也不期待恩赐——他的时间统计法本身就是提高人的积极性的一种号召。

有人有这样的天性：他们所待的地方，就是世界的中心，就是地轴转动的地方。他们从事的工作，就是最为重要和最为必要的工作。

一天足足工作五个半小时。一年到头，持之以恒！难道这还不算成就！这可不是那么轻而易举的！

这是什么？是对自己心满意足吗？是妄自尊大吗？不，不，这是实现本人愿望的一种幸福。一个不断实现自己愿望，并为自己的愿望生活的人，能给人们带来最大的利益……由此产生了对自己而不是对别人——对别人我们都会，首先应当是对自己——的严格要求。在某种程度上，他写的东西像是为自己写的，他用自己写的东西衡量自己。大部分名目繁多的论文都是为别人而写。从事写作是为了教导别人，而不是为了理解自己和在内心进行自我教育。我认识一些作家，他们从未从自己所写的东西中做出任何针对自己的结论。他们坚持的东西，同他们本人没有任何关系。唯一的一件事就是当他们的书遭到反对时，他们就赶紧去捍卫它。教育的是别人，要求别人去思考，号召别人去行善……作者在这种情况下无论如何也不愿把自己的论断用于自己身上，他认为自己有权把自己同别人区分开来。重要的是他的思想是有益的，他为自己思想的正确性负责，而不是为他的思想是否同自己的生活和谐一致负责。两者相符或相悖，这并不重要，谁也管不着，重要的是自己才华横溢。有才华或是没有才华——一切正是围绕着这一点转动（最多也不过如此）。至于这个才华横溢的人自己信奉什么，他本人的道德如何，他是否遵循自己所号召的一切——这是次要的。

暂时一切都还好说。

因为还没有碰到那么一个人，他对别人的要求和对自己的要求是完全一致的。等到有那么一个人的时候，我们马上就会感到和谐一致的优越性了。所以当我们在科学家、哲学家、作家、思想家和教导别人如何生活的人中找到具有崇高道德品质的范例时，我们是何等喜悦！俄国文化史上这样优秀的人物特别多——有弗拉基米尔·维尔南茨基、列夫·托尔斯泰、弗拉基米尔·柯罗连科、尼古拉·瓦维洛夫、华西里·苏霍姆林斯基、伊戈尔·塔姆[①]……

我们带着一种非常特殊的感情阅读艾伯特·施维采尔的《文化和伦理》一书。施维采尔正是以自己毕生的功勋赢得了向我们心灵发出号召的权利。

① 苏霍姆林斯基（1918—1970），苏联教育家。塔姆（1895—1971），苏联物理学家。

## 如果每个人都能知道自己能干些什么

对于有才华的人，我们总是在各方面给予宽宥。

柳比歇夫是属于不愿利用人们对他的优待和宽容的那种富有才华的人。他的日记和书信，记载了他半个多世纪以来为形成自己的个性在精神方面所做的努力。

这样的自我修养在许多人看来是没有必要的，甚至令人愤慨。最普遍的是，大部分人认为首先应当是环境和社会作用于人，社会有责任培养人的个性，使个体的个性臻于完善，并对个人的个性提出要求等，所以大部分人顺其自然，不对自己提要求。

柳比歇夫却不然，他自己对自己提出要求，自己监督自己，自己监视自己，自己向自己汇报。

是不是向自己汇报？仅仅向自己汇报吗？我一而再、再而三地试图弄明白主宰柳比歇夫的那种感情。这种感情多半是感到有天赋的生命是无价之宝：不仅生命只有一次，不可复得，而且生命中的每一天也同样具有这种只有一次、不可复得的性质。

不管多么奇怪，他的纯理性竟产生了热情，由于他的条理性，生活的奇迹每天层出不穷，令人吃惊。他的时间统计法好似使这种神奇性不断翻新，令人难以习惯。

大多数人不想试着超越自己可能性的极限；他们一辈子也不想试着了解他们能干些什么，不能干些什么。他们不知道，什么是他们力所不能及的。这种审慎稳妥在科学界是最可悲的。一个科学家按照自己的能力挑选任务，结果获得了荣誉，声名大噪，他不会犯错误。他的著作清单挑不出毛病，没有人有过异议；他的工作始终是卓有成效的；他一旦着手一份工作，一定干到底。但就在这张长长的著作清单后面，就是那张未写的和未做的清单——就在这未写的和未做的清单里面，在未犯的错误中间，在回避了的冒险甚至羞辱中间，可能就隐藏着真正伟大的发现。在这里隐藏着自我发现，那是可以肯定的。活了一辈子，连自己——自己应当是你最亲近和最热爱的人——都不了解，真是遗憾……

在这个意义上，柳比歇夫检验了自己。他不是根据自己的能力去衡量任务，而是根据任务去衡量能力。他认为，有一种精神上的义务，要比保持心灵上的安全感好。

古希腊唯物主义哲学家德谟克利特有句话：“决定人的精神品质的，不是他的行为本身，而是他的意图。”过去我不了解这个想法，也没有接受它。

柳比歇夫有很多事没有来得及做——没有搞出成果，但对我来说，主要的是他想做的事，他的意图。他这个人精神上的吸引力正是来自他的意图。

**柳比歇夫通过他独创的时间统计法做了研究和试验：试验在写、读、听、工作、思索等各方面，他到底能干多少，怎么干？他不让自己负担过重，力不胜任；他总是循着他能力的边缘前进，他对自己能力的掂量愈来愈精确。**这是一条永不停顿的自我认识的道路。他为什么这样做？是为了自我修养，是为了最大限度地自我献身，还是为了大显身手？

如果每个人都能知道自己能干些什么，那生活会变得多么美好！因为每个人的能力都比他自己感觉到的大得多。他会变得比自己想象的更为勇敢，他会变得更坚韧、更有力、更能适应环境。在列宁格勒被围那一年的饥饿的冬天，人的心灵的奇迹，我们见得多了。正是心灵的奇迹，首先是心灵的奇迹，让那些虚弱不堪、备尝艰辛的肉体，以其心灵的坚毅和力量，令人惊叹不已。在理论上，连医学都无法想象人的机体能吃那么多的苦。人同钢铁一样，同导体一样，同混凝土一样，有其容许的负荷极限。可是人们突然发现，这个极限是可以超越的，人可以不靠体力活着——体力已经用完，人已经精疲力竭，但人还可以继续活着，继续活动，靠的不是医学上所说的那种力气，靠的是对祖国的热爱、对敌人的满腔仇恨。在被围困的时间里，死并不令人吃惊——死是理所当然的——令人吃惊的是生命力：我们清除战壕中的积雪，运送弹药，作战。

战时的英雄主义自当例外，但在平时，不是也有会突然精神焕发、非比寻常的时刻吗？力量也不知从哪儿来的，如泉涌至，头脑变得敏锐了，想象力十分活跃……这种幸福的、如醉如痴的状态，在作家称之为灵感，在运动员名为巅峰状态，在科学家则叫作开窍；这种情况每个人都有——有些人不常有，另一些人经常有。人超越了自己，超越了他平常的能力和极限，这种情况是有可能发生的，重要的正是这一点。这么说，这是可能的。既然能有一次，那么为什么不能有两次，不能每天都这样呢？

第十五章

# 成为时间的朋友

## 要点

- 大量的书信为柳比歇夫节省了时间，他经常把书信的内容直接搬进著作中，或者从中找到文章的题目。
- 柳比歇夫通过时间统计法不断研究：自己在写、读、听、工作、思索等各方面到底能做多少。他找到自己能力的极限，不让自己负担过重，又充分发挥所有潜能。

第十六章

# 超越自己的可能

柳比歇夫并没有建树丰功伟绩，可他建树的要比功绩的意义更为重大——那就是过得很好的一生。

## 他为什么有那么多时间

超越自己的可能性，究竟有多大?

以柳比歇夫为例来判断，不仅在紧急的情况下，而且在所有的情况下，人都可以超越通常的可能性来工作。

对于人的潜力，研究得还很不够。

我考虑这一个问题和考虑自己的一生，还是第一次。我力求从第三者的立场来考虑自己，把我作为本书读者来考虑，因为这样好像显得轻松一点。

作者深信，人们将来不会理解为什么20世纪末的人这么不善于生活，这么不善于使用自己的机体，甚至还不如自己的祖先。

随着对柳比歇夫文档的研究不断深入，作者情不自禁地回顾了自己——结果深信，他几乎以“低于自己”一倍的效率在生活。这是可悲的，但是作者至今还对自己的工作能力感到满意。

其他方面且不谈，在繁忙这一点上，作者这一代人也好，较年轻的几代人也好，都并未顾惜自己。白天上工厂，晚上上大学；他们又是函授生，又是夜校学生，又是校外考生①；他们勤勤恳恳、毫无保留地使出自己浑身的劲头。

但只要作者不带任何情绪对比一下事实，那他就能看得很清楚，柳比歇夫在这同样的50年中，比作者多读了多少书，多去了多少次剧场，多听了多少场音乐，多写了多少东西，多干了多少事。与此同时，他对周围发生的一切，要比作者理解的好得多，领悟的深得多。

在这一意义上，完全可以把加缪②的“生活就是透辟地理解”这句话应用到柳比歇夫身上。

浏览柳比歇夫的书信、札记，作者明白了，他，就是作者，考虑得多么少，而且懒于思索。他懂得了，勤勤恳恳地工作、热情地工作，这还不算善于工作。他还明白了，一个好的方法可能比热情更为重要。

然而作者是不是在别的什么地方用了更多的时间，是不

---

① 不在学校学习，只参加考试的学生。

② 加缪（1913—1960），法国作家和哲学家。

是他娱乐的时间比较多，或者沉湎于嗜癖的时间比较多，或者陶醉于大自然中的时间比较多？

如果真的这样，倒也罢了！不难证实，我们这部书的主人公不但睡得多，不开夜车，他还经常从事体育活动，至于领略山河景色那就更别提了。他对生活的乐趣，享受得要比我们多得多。

因此作者找不到任何“然而”作为借口。

在万不得已的情况下，作者打算把一切归结为柳比歇夫的才华和这种才华的优越性。天哪，可并没有赋予才华以额外的时间……这里才华也帮不上忙。可能性最大的倒不如说是时间统计法在这里起了作用。

小小的时间统计法变成了生活的方法。采用这种方法的结果，柳比歇夫的时间多了一倍。这些时间是从哪儿来的？这是个谜。

作者不由自主地对自己同时间的关系做一番深思。时间都到哪儿去了呢？溜走了——去向不明，作者似乎生活得少于自己的年龄。有能量守恒律，有质量守恒律——为什么就没有时间守恒律呢？为什么时间会无影无踪地从人类生活中消失了呢？

想到这个被大自然所疏忽的问题，作者感到，这失踪的

## 第十六章

## 超越自己的可能

时间肯定在什么地方存在着——作为对我们的谴责，作为我们的罪孽而存在着。

本书主人公完美无缺这一点就是对他的一种谴责。奇怪的是本书主人公在生活中是如此美好，与人交往时是如此令人愉快，但塑造出来却并不好。他的一生非常合乎道德标准，所以显然有作者没有看透之处。要么没有写出来，要么写得过分了。

有一个新闻工作者对作者说：

“事情不会是这样的。看起来，您的主人公是一个只有一种，然而是一种非常炽烈的激情的人。这么说，他就不是一个和谐的人。这就是怪事了：我们希望人全面和谐地发展，然而大家都知道，对于哺育人类的历史，最可爱的却是一生专注于一种激情的人……”

他深信，“一种，然而是一种非常炽烈的激情”会排除和谐的发展。激情妨碍人全面发展——这倒是一个令人惬意的处世秘诀。最好没有激情，这样要保险得多。什么都要有一点，似乎一切为人称道的志趣的总和就构成了和谐，似乎真的存在着没有激情的和谐一致的人。

可能这对某些人很相宜，很符合愿望，但不知为什么作者经常想起一些伟大的作家、科学家、艺术家的范例——他们既是学识渊博的人，又是具有炽烈激情的人，有时甚至过了头。

然而他们的激情不是狂热，而是忘我的热情，是创造性精神不可或缺的热情。

柳比歇夫既全面发展，又具有他必不可少的、独一无二的激情。两者之间的不协调并没有妨碍他——他放弃了青年时代立下的禁欲主义的誓言，这是有道理的。

然而这一切都没有向作者阐明时间的问题。

**柳比歇夫的方法可以节约原有的时间，但不能增加额外的时间。关键甚至也不在量上：柳比歇夫的时间获得了不同的质，并且可以认为他同时间之神建立了某种私人的关系。**

第十六章

# 超越自己的可能

## 对待时间的态度

时间的奇特早就使作者感兴趣了。例如，作者发现，幼小的孩子对时间的流逝感觉很迟钝。人对时间的感觉，随着年龄的增长逐步强烈、逐步敏锐起来，到了老年——有生之年愈少，时间的脚步声就听得愈真。

作者记起来，有一次飞越大洋去美国，飞机上有一个妇女坐在作者身旁织毛衣。毛衣针在她手中丁丁作响，一针一针地织着，这情景使作者愣住了。在洲际时间里流逝着我们祖母们古老的、毫无变化的时间：炉台上昏昏欲睡的小鸡不时吱吱地叫，圣像前点着小油灯，散发着面包的香味，一切都同作者童年时代在科什基诺村时的情景一模一样。但此刻波音喷气式飞机的机翼正掠过亚速尔群岛……作者也记起了战争、坦克的三合安全玻璃、瞄准镜上的十字准星以及那突然停顿的时间。时间显然同心脏同时停止不动了——射击声寂静了，坦克的马达声中断了，在白热化的战争间歇里，只有坦克瞄准镜上的十字准星在颤动，德寇的自动推进炮在追近……

这样，时间有时过得慢一些，有时过得快一些，有时它停了下来，呆住不动。有的时候，特别敏锐地感到时间的步伐，这时，时间飞驰而去，快得只来得及让人惊呼一声，连回顾一下都来不及。不知不觉一天又过去了，人重新又站在镜子前刮起脸来；而有时，时间却踯躅不前，慢得像被黏住了一样，简直叫人难受。它忽然被拉长了，几分钟的时间拉成一条望不到头的线。这种种到底是由什么来决定的呢？是时间挤得满满的缘故吗？真是这个原因吗？到底什么时候你觉察不到时间的流逝——是在有很多工作的时候呢，还是在休息的时候？排满了工作的日子可以飞驰而去，也可以过得慢慢吞吞，慢得叫你精疲力竭。不，这里的情况千变万化，因此似乎搞不大清楚。时间的速度到底取决于什么，什么在催促它，什么在阻碍它？

**大多数人对时间都持有自己的态度，各不相同，而亚历山大·亚历山德罗维奇·柳比歇夫对时间的态度格外与众不同。他的时间不是取得成就的时间，他摆脱了赶过别人，夺取第一，超越什么，获得什么……的愿望。他热爱时间，珍惜时**

**间，不是把它当作工具，而是把它看成是进行创造的条件。**他对时间十分虔敬，同时又体贴入微，他认为时间对人们如何使用它并不是无所谓的。时间不是个物理概念，不是时针的转动，而像是个道德概念。在他看来，浪费时间就好比夺走科学研究的时间，就好比滥用和抢走自己的服务对象的时间。他坚信，时间是最宝贵的财富，不能乱用到怄气上，不能乱用到竞争角逐或满足虚荣心上。在他看来，对待时间的态度是个道德问题。

一个人在什么地方有权使用自己一生的时间，在什么地方无权滥用。在这方面，柳比歇夫为自己定出了一些道德上的禁令，规定了使用时间的道德限度。

能干的人和有计划的人使人感到他们是时间的主人。

对时间的崇拜，愈来愈甚。对时间的崇拜成了精干地抓工作和善于生活的标志。时钟的指针在催促，人们向前飞奔，唯恐落后。人应当熟悉情况，达到时代的水平，与时代相适应。人牺牲自己的自由，把时间当神明来供奉。被支配的不是时间，而是人。时间在发号施令。飞奔的时间疾驰而去……

时间之神严格地计算着成就：出版了多少著作，做了哪些答辩，获得了什么学位，得到提升了没有，到哪些地方去过……在这意义上，柳比歇夫不依附于时间，也不害怕时间。

当作者随心所欲地支配自己的时间时，他体验到一种解放的幸福。这样的时间充满了光明和安宁。一天全部的时间都吸取着最重要和最本质的东西，如同绿叶的表层吸收阳光一般。

考察柳比歇夫的时间统计法，作者似乎透过放大镜看到了时间。一分钟走近了；一分钟紧接着一分钟绵绵不断地流逝，但它不是毫无变化、对一切漠不关心地流逝，它关心人们是否重视它，它尽量延长自己，呈现出凝结块和空洞体。结构有着某种含义，在作者眼前如同出现了思想的溪流，时间变得可以理解了……

对宇宙时间或世界时间——作者不敢妄加判断；至于人类的时间，他深信人可以学会去感觉，甚至能听到它潺潺的流逝声。

时间弯过来，首尾相接，接成一个圆圈，过去的时间追上并超过了现在的时间，如同在爱丽丝漫游的奇境中一样。在作者眼前，不断流过浪费了的、溜走了的时间，流过了白白荒废的、曾经充满了青春活力和希望的年华——这是空虚的、被吮干了的时间的残骸。

第十六章

## 超越自己的可能

遗憾的是纪实散文不允许作者提供形形色色幻想性画面。否则作者想展示我们内部潜在的大量时间，展示被柳比歇夫发现的丰富的时间的宝藏——蕴藏在人们日常生活深处的未被挖掘的时间。

如果像古希腊人通常所做的那样把时间比作激流，那么柳比歇夫就是这激流中的发电站和联动发电机。在深邃的某处，有一台涡轮机在转动，力求用叶片挡住在我们中间通过的激流。正是在这方面——而且也仅仅在这方面——柳比歇夫具有机械性。

可以把每一个人当作时间的消费者，他将时间分别用于各种思想、感情和工作。虽然只用了不大的一部分，其余的时间都丢掉了，但大家仍然习以为常地认为时间不够，时间太少。

柳比歇夫的时间永远是够用的。时间不会不够用——时间不管多少，总够用来做一件事。柳比歇夫的时间就有这种特征，而且不仅他的时间是这样，他的全部生活福利也是这样：年轻时，柳比歇夫生活条件很优越，到了老年，他只领一份微薄的养老金，但不论什么时候，他都无意追求大量物质福利，他要的只是必需品，而必需品对他来说永远是够用的，大家都知道，既然够用，就不会嫌少。必需品好就好在它同水、面包、阳光、桌子……一样不会引起烦恼，不会成为累赘，不会惹人讨厌。

除了事业方面的一切，柳比歇夫不但尊重和热爱现在，而且尊重和热爱过去。他强烈地感觉到时间与时间之间的联系，强烈地感觉到契诃夫在短篇小说《大学生》中写得那么精彩的那条看不见的链子。柳比歇夫对每一个学术问题的思想渊源和思想发展都极感兴趣，甚至为之激动不已。他反复思索、重新估价“体验到的一切”，有时，甚至被历史的绳索捆住手脚。为什么过去能对柳比歇夫起到那么大的作用？作者不了解。因此他援引了契诃夫卓越的短篇小说。契诃夫在这个短篇小说中也是没有做任何解释，然而一切都是明明白白的。

柳比歇夫从自己主要的工作中挤出时间来写了对教师、学校、双亲、古尔维奇、达维多夫、伊萨耶夫……的详尽的回忆录，其中充满了对过去的衷心感激，可是现在的人们却如此轻易地为了将来而忘记过去。

作者对柳比歇夫的时间不胜欣赏、羡慕，对此作者并不感到羞愧。**柳比歇夫的时间如水晶般晶莹、匀称，使人为之惊叹不已。几十年的时间可以一眼看透，在漫长的岁月里，没有丝毫模糊之处，也没有禁区。**在我们的时代能这样坦率地度过一生——这是罕见的事。

# 过得很好的一生

作者深信，理智和人道同时打交道日益成为紧急的事情。这不仅是一个节约时间的技术性问题，这个问题能帮助人了解自己工作的意义。时间同矿藏、森林、湖泊一样，是全民的财产。人们可以合理地利用时间，也可以把它毁掉。打发时间是很容易的：聊天、睡觉、徒劳的等待、追求时髦、喝酒，诸如此类，不一而足。迟早我们的学校会给孩子们开一门“时间利用”课。作者坚信，从小就应该培养孩子对大自然的热爱和对时间的热爱。应该教孩子们怎样珍惜时间，怎样找时间，怎样取得时间。

最主要的是要让他们学会汇报使用时间的状况。柳比歇夫自然是个理想的楷模……

不，作者根本没有被自己的主人公迷住。作者知道主人公有很多弱点和偏见，他对人文科学的忽视和他对美学所持的傲慢态度实在令人气愤，他对普希金的意见，尤其令人难以忍受，他对陀思妥耶夫斯基的不满情绪也是如此。一言以蔽之，什么缺点他都有。但任何人，甚至最伟大的人，也不应当从近处去观察，并深入细致地观察他的爱好、习性。

谁一旦同柳比歇夫接触过，总是愿意再去找他。作者不仅根据自己亲身的体会，而且根据许多人的体会指出这一点，而有这样体会的人，其数量还在不断增加。

当然，伤心的是如今自己已经年华虚度，因而已无法利用柳比歇夫的经验了。甚至没必要去计算，到底曾无缘无故白白浪费了多少岁月和多少其他别的东西。但从另一方面来说，又应当有亡羊补牢的精神：既然任何一段时间都不算短，那就说明同时间建立一种新的相互关系在任何时候都不算晚。不管一个人的残年还剩多少，不管这一念头是在人生的哪一个阶段产生的！甚至可以说，时间剩得愈少，就愈应当更明智地使用时间。

但就是现在，当如此简单明了地得出了必需的结论之后，作者不知为何还是不愿意改正过来。总觉得这么做没意思。作者似乎有点不知好歹地思索起这么一个问题：他的主人公能不能算真正的英雄？他的一生能不能算作英勇的一生？他值得人们去仿效吗？这一切是否真是这样……

英雄主义——这是璀璨夺目的光——也是无比努力的灿烂光辉。人的行为远远超出一般职责的范围，才能成为英雄。英雄建树功勋的时候，准备为了真理、为了他人、为了祖国牺牲一切，他冒着丧失一切，乃至生命的风险。所有这一切，柳比歇夫都不具备。

他有的不是夺目的光，而是忍耐，是从不放松的自我检查。他日复一日地提高对自己要求的标准，毫不留情。但应当说这也是功勋啊，否则什么才算功勋呢？！功勋一年比一年更加积极努力。他背着自己的十字架，不让自己喘一口气，也不期待荣誉和声望。他只对自己提要求，而且他对自己提的要求愈多，他对自己的缺陷也就看得愈清楚。这是从容不迫，每日每时建树起来的功勋，也是最难建树的一种功勋。他每天都在加强自我监督和自我检查。但还有人在怀疑，此处用“功勋”两字是否恰当，既然这么做给人以满足，那还算什么功勋？

总有这样一些爱怀疑的人。老天哪，虽然并没有适合这种人的肥沃土壤，但这样的人永远不会绝迹。怀疑者提出的问题使作者感到为难，接着作者自己也开始有点怀疑了。作者想，既然这个十字架丝毫没有使柳比歇夫感到沉重，反而使他感到满足，而且他在任何情况下都不会丢掉这个十字架，这还算什么十字架呢？！他为了自己的时间统计法又做出了什么牺牲呢？他什么也没有牺牲掉。他并未由于时间统计法而吃到什么苦头或碰到什么危险。不管他的坚韧不拔、他的勤勤恳恳和他的顽强意志多么有成效，也没有必要推崇备至——这岂非同夸奖小孩子食欲旺盛一样吗？

这么一考虑就必然得出结论：如果一个人的所作所为使自己感到幸福，那他的作为就不可能算什么功勋；既然不是功勋，那就没有什么值得号召的；至于说到为科学服务，那实际上不是他为科学服务，而是科学为他服务……

作者并不是马上就要懂，这正是柳比歇夫自己的观点，因而一切就更令人惊奇了。因为柳比歇夫要在每日每时的自我克制中感到幸福，这需要具备怎样一种精神力量啊？我们虽然从远处观察这一不断升华的精神，但也仍然禁不住产生欣喜和羡慕之感，禁不住对这人类精神的巨大能量深表敬佩。

**柳比歇夫并没有建树丰功伟绩，可他建树的要比功绩的意义更为重大——那就是过得很好的一生。这一生的奇特性和神秘性就在于，柳比歇夫把一生中的特殊现象看成自然现象，也许这确实是自然的理性生活。**可以说，一个人珍惜每一秒钟，并使每一秒钟都过得很有意义，同时又把这看成是一种自然而然的现象，那是最为困难的一件事。他受之于科学的要比他给予科学的多，这一点对他来说，也是自然而然的。但在我们看来却是奇特的，因为他似乎已尽其所能，把一切都献给了科学。

他的一生中还蕴藏着许多这一类的秘密和奇特的东西，老实说，作者对此并不是都能认清和理解的。比方说，作者就无法从中归纳出若干条建议，虽然本书即将结束，作者仍然不能做出最后的结论，给读者出点什么主意。作者希望读者不用作者出主意，因为作者自己思绪万千，深切地感谢本书的主人公，因为他让作者对自己一生的发展产生了怀疑。

## 要点

- 时间统计法是一种让人超越自身可能性的方法，柳比歇夫的时间比别人多了一倍。
- 时间统计法可以节约时间，但不能增加额外的时间。它的关键不在时间的数量上，而在于时间的质量。

# 附　录

## 与时间统计法无关——谈《奇特的一生》的创作[1]

邓蜀平　译

许多实干的、有远大抱负的年轻人对柳比歇夫这一十分明智的、合理的时间统计法很感兴趣，指望这个方法带来成效。这种愿望里有某种不对头的东西，某种柳比歇夫所没有的——就像我已在小说中一再强调过的，与柳比歇夫、与他的时间统计法毫无关系的东西。

问题就在于：一个人只有向自己提出远大目标时，这个时间统计法才能成立。

---

① 《奇特的一生》在苏联《阿芙乐尔》杂志1974年第一、二期发表后，在读者中引起了一些争论。苏联《文学问题》杂志1975年第一期刊登了评论家维·德米特里耶夫同小说作者、苏联科学界人士座谈这一小说的发言。现将格拉宁的发言摘要译出，以《与时间统计法无关——谈〈奇特的一生〉的创作》为题附在这里，供读者参考。

纪实散文越来越引起我的兴趣，创作使我厌烦了。您知道，创作归根结底在一定程度上是不真实的，情节归根结底全是想出来的。这一切似乎很自然，是文学中大家通用的方法，但这近来却使我烦躁，我开始寻找另外的方法来描写生活中最本质的东西。

目前人们对纪实文学，即所谓“写生”文学谈得很多。对作家来说，譬如，对纪实文学作家来说，“研究生活”是什么意思？我总算走运，因为我同科学家们有长期的接触，对学者们的生活也比较熟悉，因此有依据。一般对研究生活的简单理解是：打定主意要写什么，再动手去了解情况，这就有与新闻业混同的危险。新闻业有其自身的范围和规律，与艺术并不完全相同，它反映现实的方法与文艺所固有的反映现实的方法也不一样。

从这个意义上说，新闻作品过分用事实约束作家，事实成了难以摆脱的负担。

我很重视写纪实散文前的调查阶段。作为一个作家，只有通过调查，才能深入理解收集的事实，发现时间这一主题。研究事实，一直追溯到产生矛盾的起因，从这里，即从主人公心灵深处去看待事实，就完全是另外一个样子了。这里也有文学必不可少的创作，但不是凭臆想，而是凭深刻理解和观察。我可能说得不够确切，因为有许多东西对我来说也是新事物。

纪实散文往往会遇到材料成灾的问题。周围事实那么多，一本本的笔记本都记满了，使你陷入事实的汪洋大海，来不及深入研究，也无法站开一点，从远处统观全貌。纪实散文与特写有区别，当然二者之间的界限是相对的，但总有界限。纪实散文既要是散文，又要是文学，这一点很重要。纪实散文的情节不是设计出来的，不是想出来的，而应当从材料内部去发现，去挖掘。主人公也不能简单地加以临摹……这是一个方面。

另一方面，最使人感兴趣的自然还是现实生活本身。我甚至可以说得更过分一些：使人最感兴趣的是生活的非典型性——即个别性。譬如柳比歇夫，一个不典型的人，完全是独一无二的，是一个罕见现象，一个奇迹、一件怪事。可是他的生活是司空见惯、普普通通的，难道不是这样吗？（可能实际上他的生活也是不寻常的，只是我没有发现它有任何不寻常的地方。）**在他的生活中找不到独特的、惊人的、某种令人难以置信的、绝无仅有的东西。既然这些在生活中都没有，那么，您也晓得，文学家是不会对它感兴趣的。可是当你一旦捕捉到，认识到它的奇特性时，你就不可避免地要加以深思，虽然它未必就一定能成为文学写作的对象……**

我这本写柳比歇夫的中篇小说里就提到了几位这类不平凡的人物。我曾经有过一种至今仍未放弃的想法：写一本带注释的小说，更确切地说，是带补充小说的小说，在补充小说里我可以详细地介绍施万维奇、伊万诺夫、斯米尔诺夫、季摩菲耶夫·耶索夫斯基、费洛诺夫这样一些我的小说中为全面衬托柳比歇夫形象而提到的人。

就拿昆虫学家施万维奇来说吧，他曾在列宁格勒大学工作，终生研究蝴蝶翅膀上的花纹。他遭到嘲笑。许多人——特别是在头几个五年计划期间——认为他干的不是正事，对国民经济、植物栽培等均无益处。蝴蝶翅膀的花纹——十足脱离实际的烦琐哲学！抽象科学！对此施万维奇能说什么呢？他一句话也答不上来。想必他也曾因从事一种被众人认为古怪的事业而深感痛苦吧。

可是伟大的卫国战争开始了。列宁格勒被围困。军事目标必须被伪装起来。这时发现蝴蝶翅膀花纹构图原则乃是迷彩伪装最理想的自然界结构，是迷彩伪装的科学根据。当时所有人对迷彩伪装只有十分模糊的概念，于是吸收施万维奇参加列宁格勒军事目标的伪装工作。而他为保卫列宁格勒免于空中威胁做了十分重要、十分有益的事情。

我在小说第十一章提到施万维奇的时候，丝毫未谈及这些情节，我只指出这位科学家的主要品质，提到奥赫金公墓里施万维奇墓上刻有一个他心爱的蝴蝶翅膀的花纹。

再拿画家费洛诺夫来说，我在第十四章中比较详细地谈到了他。至于他的姐姐，叶芙多基娅·格列波娃，我在小说中只说了她的名字。然而正是她，在列宁格勒被围困期间救出了他兄弟的卓越画幅，亲自背出了这些画——总共有400幅，她自己也不知道当时怎么竟能做到这一点。我问到她这件事的时候，她说："达尼伊尔·阿列克桑德罗维奇，您知道，我现在确实不记得我当时是怎么把这些画拿到俄罗斯博物馆的几个接收站去的。"但保存下来的收据证明，这批交付保管的画正是从她手中接收下来的。她自己挨饿，已濒临死亡，却亲自把这批画背到博物馆，交付保管。是她保全了这批画，因为费洛诺夫一家的住房被炸毁了。

这本关于柳比歇夫的小说的文献性，说来也真奇怪，关键在于理解材料。我面前的文献多得不可胜数，堆积如山。我从全部材料中只挑选了一个主题，我必须充分理解这个主题。我必须不仅弄懂许多日记本的意思和内容，不仅理解他为什么写日记，这对他的生活有什么影响，而且要理解他的目标。应当指出，**柳比歇夫同任何一个人一样，自然不会把主要的东西都写下来。但是他对自己思考得很多——在这一点上，他也是与众不同的。**一个人几乎从来不会用笔写的方式去思索他内心珍藏的理想。但是作家却应当以主人公内心珍藏的理想为出发点。必须这样做，否则就无法理解材料。

好吧，就算这是机器，是唯理主义，是对生活实行监督，把生活变成详细的计划条规，可是，如果这样做，就能保持甚至增加自己的自由呢？如果这样做，一个人的精神世界就能变得更加丰富呢？如果这一套详细计划，强制自己的时间统计法能带来更广阔的天地、幻想和更丰富的感情呢？如果是这样，那么时间统计法是不是站得住脚呢？因为这样做的结果，人就能变得更美，更有趣，他的生活也会变得更加充实。柳比歇夫在这个世界上能活多久，这是他不能决定的，可是他，作为一个人，能有充分价值地生活多少时间，却正是由他决定的。他也做到了最充分地施展才能，最大限度地发展自己身上的宝贵品质，吸引着人们，使人们倾慕他。这也是他的时间统计法的结果，如果你同意这样看的话，至少在一定程度上是这样。

既然是这样，那么一切关于人是机器的论调还有什么意义呢？！到底我们怕什么呢？我想，是怕给自己规定纪律。当然喽，没有这个时间统计法生活会更轻松一些，就像一般说来某个阶段不学习会更轻松；不提高自己，不为别人做事也更轻松。但是，如果不去考虑轻松不轻松的问题，而考虑需要不需要的问题，那么人必然会严肃地考虑如何利用他一天、一个月、一年中荒废掉的那些时间。假如能把一个人在生产中、生活中花费掉的时间摆出来给他看，他一定会发现他白白地、糊里糊涂地浪费掉的那一部分生命，并为其大吃一惊。

我收到的读者来信中也有这样的反映："这太可怕了，一个令人恶心的典型，难以容忍！""当然，这是一个绝无仅有的人，可是上帝保佑，可别让我也这样生活。"还有："给自己每分钟规定详细计划，这等于失去一切自由，这等于自我摧残，把自己变成机器。"

从这类来信的各式各样的意见中，我们感觉到的不仅仅是对时间统计法的恐惧心理，还有要设法抹黑时间统计法的企图。然而这种反应有时反而使我高兴，因为它证明：人们读完这本书以后，感觉到了他们并不是像应该的那样生活，所以竭力为自己辩护，竭力回避正视事实，于是慌忙抵抗，说时间统计法束缚自由了，压制激情了，有把人变成机器的危险了等。

**时间统计法不会扼杀灵感，因为人适应它是为了最大限度地利用自己的一切可能性。每个人能做的，比他所做的要多得多，我们还没有达到一个人能够达到的限度的一半。人的精神潜力在很大程度上还原封未动。**当看到人们不善于有价值、有意义地利用自己的聪明才智和全部天赋时，我们是很痛心的。我们现在利用自己，就如利用自然界一样缺乏计算，我们使用自己的办法不科学。看来这个问题还没有全部展开在人们、全人类面前，但这个问题正在展开，因为每个人都是最宝贵的财富。充分施展自己的才能——这是每个人和全人类面临的日益增加的任务。

从读者来信中，特别是从读者口头发表的意见中，我渐渐发现了一种令我惊讶、令我不安的东西。许多实干的、有远大抱负的年轻人对柳比歇夫这一十分明智的、合理的时间统计法很感兴趣，指望这个方法带来成效。这种愿望里有某种不对头的东西，某种柳比歇夫所没有的——就像我已在小说中一再强调过的，与柳比歇夫、与他的时间统计法毫无关系的东西。

问题就在于：一个人只有向自己提出远大目标时，这个时间统计法才能成立，因为我在小说中已谈到，柳比歇夫利用时间的方法是与对待时间的道德态度不可分的。命运赋予我们的生活、时间是无价之宝，应当利用它来不仅给自己（绝不是只给自己），而且给别人，给周围的人们带来最大的利益。方法，利用时间的方法，都必须与生活的目标和意义，与道德品质协调一致。

**看来应当由每个人自己来制订自己的时间使用法，但不管怎样都应当深思一下自己的生活在怎样度过。**上面说的那些来信中还一再说明：很多人都想换个样子生活，想生活得更明智、更合理，但是不知该怎么办。现代科学技术革命使这种要求日益尖锐。譬如说，在用最新科学技术装备的生产单位里，每个人的时间被挤得满满的，达到了饱和程度，生活、劳动组织得十分合理，有时每一分钟的利用都是经过周密考虑的。可是人一走出大门，这一切也就完了——他又掉进了时间的大海。工作时他节约每秒钟，而现在呢，他为买啤酒排队达好几个小时之久，或者闲扯老半天，或者呆头呆脑、漫不经心地看电视。

**如何能做得更多、更快、更好——如果只用这种观点对待时间统计法，那么得到的好处也只是附带的。这自然也很好，但还不够。关键在于一个人希望从生活中得到什么。**也有人的生活目标是把道德意义完全排除，这样的人使用时间统计法就会损人利己，不知会搞出什么名堂来。这如同武器一样，看掌握在谁手里。

这就是使我这个作者感到不安的问题。后来我又想：珍惜时间的方法也可能有助于培养道德感情，本来对待任何事物、任何作品，人们总是免不了会从个人立场，从狭隘的利己主义立场来对待。